机床电气控制技术

主　编　熊征伟　章　鸿
副主编　张永娟　唐琼英　孟　军
参　编　任忠明　李恩科　陈　洋

国防工业出版社
·北京·

内 容 简 介

本书包括4个项目,主要介绍了电动机基本知识、常用低压电器、机床电气基本控制环节、典型机床电气控制电路等。通过"在学中做""在做中学"的教学模式和基于工作导向教学方法,系统地介绍及实施了常用电动机使用常识、继电接触式电气控制电路,以及常见的机床电气控制案例。本书电气控制线路图的图形符号和文字符号,均按国家和机械电子工业部颁布的标准绘制。

本书可作为普通高等理工科院校和高职高专机械设计及自动化、自动控制工程、电气工程、机电一体化、数控技术、数控设备应用与维护等专业教材,也可供相关专业教师与从事数控机床调试、维修的电气工程技术人员参考。

图书在版编目(CIP)数据

机床电气控制技术/熊征伟,章鸿主编. —北京:
国防工业出版社,2019.4
ISBN 978-7-118-11751-6

Ⅰ. ①机… Ⅱ. ①熊… ②章… Ⅲ. ①机床-电气控制 Ⅳ. ①TG502.35

中国版本图书馆 CIP 数据核字(2018)第 240000 号

※

国防工业出版社出版发行
(北京市海淀区紫竹院南路23号 邮政编码100048)
三河市众誉天成印务有限公司印刷
新华书店经售

*

开本 710×1000 1/16 印张 13½ 字数 236 千字
2019 年 4 月第 1 版第 1 次印刷 印数 1—3000 册 定价 36.00 元

(本书如有印装错误,我社负责调换)

国防书店:(010)88540777 发行邮购:(010)88540776
发行传真:(010)88540755 发行业务:(010)88540717

前　言

本书以企业实际岗位为核心,以专业技能知识项目为载体,按学校相关专业技能要求,在当前"现代学徒制"和"工匠精神"的指引下,校企通力合作,根据专业实际情况将机床电气控制技术专业知识融会贯通,以项目为单位编写,详细介绍了电机原理及应用、常用低压电器的结构组成、图文符号、工作原理、使用说明、常见故障、机床电气控制的基本电路、典型机床电气控制电路等内容,从而培养面向行业具有一定理论知识及较强的岗位技能水平和实践动手能力,能从事行业相关岗位的高素质技能型人才。

本书是校企合作教材,由四川卓达数控科技有限公司、宝鸡机床集团有限公司等单位的技术专家及职业院校数控技术专业领域资深一线教师共同编写而成。编写时坚持课程改革新理念,具有以下特色:

(1) 内容项目任务化,凸显应用性和实践性。

本书按照机床电气控制技术的应用特点,从机床电气控制技能要求出发,以功能模块为主线,突出应用性,以技能培养为主线,突出实践性,彰显职业教育特点。

(2) 企业专家把关,确保技术先进性和权威性。

四川卓达数控科技有限公司、宝鸡机床集团有限公司的工程技术人员参与核心重点章节的编写,书中涉及的主要技术资料大多来自企业,书中实际操作来自企业安装操作要求。

(3) 体现课改理念,创新教材编写风格。

本书的编写风格适用于具有职业教育特色的"在学中做""在做中学"的教学模式和基于工作导向教学原则下的各种教学方法。

(4) 体现让学生学有所思、学有所得、学有所乐、学有所用的创新教学资源。

本书共4个项目,包括18个任务,读者可以根据教学和培训的具体情况选用。

本书由熊征伟、章鸿任主编并统稿。编写分工:项目一由成都卓达数控科技有限公司陈洋工程师和四川信息职业技术学院张永娟共同编写;项目二成都卓达数控科技有限公司任忠明工程师和四川信息职业技术学院唐琼英共同编写;

项目三由宝鸡机床集团有限公司李恩科高级工程师和四川信息职业技术学院熊征伟共同编写;项目四由成都卓达数控科技有限公司孟军工程师和四川信息职业技术学院章鸿共同编写。

  本书可作为普通高等理工科院校和高职高专机械设计及自动化、自动控制工程、电气工程、机电一体化、数控技术、数控设备应用与维护等专业教材及参考书,也适宜教学、科研和工矿企业事业单位的工程技术人员学习掌握机床电气控制技术以及在设计改造传统机床、机电控制设备的应用中参考。

  本书在编写过程中参考了企业的大量文献资料,在此向文献资料的作者致以诚挚的谢意。由于编写时间及编者水平有限,书中难免存在疏漏和不妥之处,恳请广大读者批评指正。

编者
2018 年 10 月

目　录

项目一　电动机基本知识 ································· 1
　任务一　直流电动机及其应用 ························· 1
　　一、直流电动机的工作原理 ························· 1
　　二、直流电动机的结构 ····························· 2
　　三、直流电动机的额定参数 ························· 3
　　四、直流电动机的分类 ····························· 4
　　五、直流电动机的起动、调速和制动 ················· 4
　　技能训练一　直流电动机的接线、起动和调速实训 ····· 7
　任务二　三相异步电动机及其应用 ····················· 9
　　一、三相笼型异步电动机的结构 ····················· 9
　　二、三相笼型异步电动机的工作原理 ················ 11
　　三、三相笼型异步电动机的铭牌与额定值 ············ 12
　　四、三相笼型异步电动机的安全运行 ················ 13
　　技能训练二　三相异步电动机的接线和通用测试实训 ·· 15
　任务三　步进电动机及其应用 ························ 16
　　一、步进电动机的工作原理 ························ 16
　　二、步进电动机的静态指标术语 ···················· 18
　　三、步进电动机的应用 ···························· 18
　　技能训练三　三相异步电动机的认识和测试实训 ······ 20
　任务四　伺服电动机及其应用 ························ 23
　　一、直流伺服电动机 ······························ 23
　　二、交流伺服电动机 ······························ 24
　　三、交流伺服电动机的应用 ························ 25
　　技能训练四　伺服电动机的认识和接线实训 ·········· 25
项目二　常用低压电器 ································ 28
　任务一　控制电器 ·································· 28
　　一、低压电器的分类 ······························ 28

二、低压开关电器 ·· 29
　　三、主令电器 ·· 36
　　四、接触器 ·· 40
　　五、继电器 ·· 46
　　技能训练五　低压控制电器的认识与安装实训 ·············· 55
任务二　低压保护电器 ··· 59
　　一、熔断器 ·· 59
　　二、热继电器 ·· 62
　　技能训练六　低压保护电器的认识与安装实训 ············· 66
任务三　执行电器 ·· 68
　　一、电磁铁 ·· 68
　　二、电磁离合器 ·· 70
　　三、电磁阀 ·· 72
　　技能训练七　执行电器的认识与安装实训 ··················· 74

项目三　机床电气基本控制环节 ·· 78

任务一　识读机床电气图 ·· 78
　　一、电气制图与识图的相关国家标准 ························· 78
　　二、机床电气控制电路图类型及其识读 ····················· 79
　　三、机床电气控制线路分析基础 ······························ 92
　　技能训练八　CA650卧式车床电气控制线路图、接线图和
　　　　　　　　布置图的识读 ······································ 94
任务二　电动机的点动与长动正转控制电路 ························· 95
　　一、点动控制的正转控制电路 ·································· 96
　　二、长动控制的正转控制电路 ·································· 96
　　三、既能长动又能点动的控制电路 ··························· 97
　　技能训练九　三相异步电动机点动与长动混合正转控制实训 ······ 99
任务三　电动机的正反转控制电路 ···································· 105
　　一、手动控制的正反转控制电路 ······························ 106
　　二、接触器联锁的正反转控制电路 ··························· 106
　　技能训练十　机床按钮和接触器双重联锁的正反转控制实训 ····· 109
任务四　自动往返循环工作台控制电路 ······························ 115
　　一、自动往返循环工作台控制电路构成 ····················· 115
　　二、自动往返循环工作台电路控制工作过程 ··············· 116
　　技能训练十一　机床工作台自动往返循环控制电路安装实训 ····· 116

任务五　多地控制与顺序控制电路·················122
一、多地控制及其电路·················122
二、顺序控制及其电路·················124
技能训练十二　电动机先启后停控制电路的安装实训·················126

任务六　电动机的减压控制电路·················132
一、定子绕组串接电阻或电抗器减压起动控制·················132
二、星形—三角形换接减压起动控制·················133
三、自耦变压器减压起动控制·················135
四、延边三角形减压起动控制·················136
技能训练十三　电动机星形—三角形起动控制线路的安装与调试实训·················138

任务七　电动机的制动控制电路·················144
一、电磁抱闸机械制动控制·················145
二、电磁离合器机械制动控制·················146
三、反接制动电气制动控制·················147
四、能耗制动电气制动控制·················148
技能训练十四　电动机可逆运行能耗制动控制线路的安装与调试实训·················149

项目四　典型机床电气控制电路·················157
任务一　CA6140 型卧式车床电气控制·················157
一、CA6140 型卧式车床的主要结构和运动形式·················158
二、CA6140 型卧式车床电力拖动特点及要求·················158
三、CA6140 型卧式车床电气控制电路分析·················159
四、CA6140 型卧式车床常见电气故障分析·················161
技能训练十五　CA6140 型卧式车床主轴电机控制电路设计·················161

任务二　Z3040 型摇臂钻床的电气控制·················167
一、Z3040 型摇臂钻床的主要结构及运动形式·················167
二、Z3040 型摇臂钻床的电力拖动特点及控制要求·················168
三、Z3040 型摇臂钻床电气控制电路·················168
四、Z3040 型摇臂钻床常见电气故障分析·················172
技能训练十六　Z3050 型摇臂钻床摇臂升降控制电路设计·················173

任务三　M7130 型平面磨床的电气控制·················179
一、M7130 型平面磨床的主要结构及运动形式·················179
二、M7130 型平面磨床电力拖动特点及要求·················180

三、M7130 型平面磨床的电气控制电路分析 …………………………… 180
　　技能训练十七　M7120 型平面磨床常见故障分析 …………………… 184
　任务四　X62W 型卧式铣床的电气控制 ………………………………… 189
　　一、X62W 型卧式铣床的主要结构及运动形式 ………………………… 189
　　二、X62W 型卧式铣床的电力拖动特点及控制要求 …………………… 190
　　三、X62W 型卧式铣床的电气控制电路分析 …………………………… 192
　　技能训练十八　XA6132 型卧式铣床常见故障分析 …………………… 195
参考文献 …………………………………………………………………… 205

项目一 电动机基本知识

任务一 直流电动机及其应用

一、直流电动机的工作原理

图 1-1 为直流电动机原理图。直流电动机可把电能转换成机械能。直流电动机工作时接于直流电源上,如 A 电刷接电源正极,B 电刷接电源负极。电流从 A 电刷流入,经线圈 abcd,由 B 电刷流出。如图 1-1 所示的瞬间,在 N 极下的导线 ab 中电流是由 a 到 b;在 S 极下的导线 cd 中电流方向由 c 到 d,根据电磁力定律可知,载流导体在磁场中要受力,其方向可由左手定则判定。导线 ab 受力的方向向左,导线 cd 受力的方向向右。两个电磁力对转轴所形成的电磁转矩为逆时针方向,电磁转矩使电枢逆时针方向旋转。

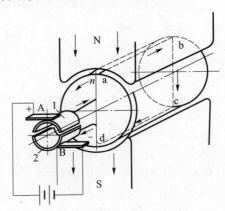

图 1-1 直流电动机原理图

当电枢转过 180°时,换向片 2 转至与 A 电刷接触,换向片 1 转至与 B 电刷接触。电流由正极经换向片 2 流入,导线 cd 中电流由 d 流向 c,导线 ab 中电流由 b 流向 a,由换向片 1 经 B 电刷流回负极。导线中的电流方向改变了,导线所在磁场的极性也发生改变,电磁力及电磁力对转轴所形成的电磁转矩的方向未变,仍为逆时针方向,这样可使电动机沿一个方向连续转动。通过换向装置,使

1

每一极性下的导体中的电流方向始终不变,因而产生单方向的电磁转矩,使电枢向一个方向旋转。这就是直流电动机的基本工作原理。

二、直流电动机的结构

直流电动机和直流发电机在结构上没有根本区别,只是由于工作原理不同,从而得到相反的能量转换过程。直流电动机在结构上可概括地分为静止和转动两大部分。其静止的部分称为定子;转动的部分称为转子(电枢),这两部分由空气隙分开,其结构如图1-2所示。

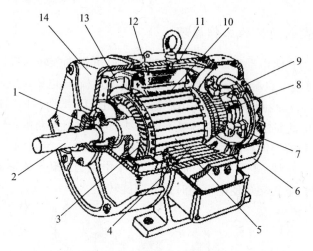

图1-2 直流电动机结构

1—轴承;2—轴;3—电枢绕组;4—换相磁极绕组;5—电枢铁芯;6—后端盖;7—电刷杆座;
8—换向器;9—电刷;10—主磁极;11—机座;12—励磁绕组;13—风扇;14—前端盖。

1. 定子部分

定子由主磁极、机座、换向极、端盖及电刷等装置组成。

(1) 主磁极:其作用是产生恒定的主磁场,由主磁极铁芯和套在铁芯上的励磁绕组成。铁芯的上部称为极身,下部称为极靴。极靴的作用是减小气隙磁阻,使气隙磁通沿气隙均匀分布。铁芯通常用低碳钢片冲压叠成,其目的是减小励磁涡流损耗。

(2) 机座:其作用有两个,一是作为各磁极间的磁路,这部分称为定子的磁轭;二是作为电动机的机械支撑。

(3) 换向极:换向极的作用是改善直流电动机的换向性能,消除直流电动机带负载时换向器产生的有害火花。换向极的数目一般与主磁极数目相同,只有小功率的直流电动机不装换向极或装设只有主磁极数1/2的换向极。

(4) 电刷装置:其作用有两个,一是使转子绕组与电动机外部电路接通;二是与换向器配合,完成直流电动机外部直流电与内部交流电的互换。

2. 转子部分

转子是直流电动机的重要部件。由于感应电动势和电磁转矩都是在转子绕组中产生的,是机械能和电磁能转换的枢纽,因此直流电动机的转子也称为电枢。电枢主要由电枢铁芯、电枢绕组、换向器、转轴等组成。

(1) 电枢铁芯:其作用有两个,一是作为磁路的一部分;二是将电枢绕组安放在铁芯的槽内。为了减小由于电机磁通变化产生的涡流损耗,电枢铁芯通常采用厚度 0.35~0.5mm 硅钢片冲压叠成。

(2) 电枢绕组:电枢绕组的作用是产生感应电动势和电磁转矩,从而实现电能和机械能的相互转换。它是由许多形状相同的线圈按一定的排列规律连接而成。每个线圈的两个边分别嵌在电枢铁芯的槽里,在槽内的这两个边称为有效边。

(3) 换向器:换向器是直流电动机的关键部件,它与电刷配合,在直流电动机中能将电枢绕组中的交流电动势或交流电流转变成电刷两端的直流电动势或直流电流。

三、直流电动机的额定参数

直流电动机在额定运行状态下工作时,应能保证电动机工作的可靠性。额定值是电动机在运行过程中各物理量的保证值,根据国家标准,直流电动机的额定值有以下几个:

(1) 额定功率 P_N:表示电动机在额定状态下工作时输出的功率,单位为 kW。

(2) 额定电压 U_N:指在正常工作时电动机出线端的电压值,单位为 V。一般中、小型直流电动机的额定电压为 110V、220V、440V 等级;大型直流电动机的额定电压为 800V 左右。

(3) 额定电流 I_N:对应额定功率、额定电压时的电流值,单位为 A。额定电流是直流电动机运行过程中的一个重要物理量,直流电动机在运行过程中,若电压为额定值,则根据实际电流值和额定电流值之比,可以确定电动机是处于轻载、满载还是过载运行。

(4) 额定转速 n_N:指电流、电压、功率都为额定值时的转速,单位为 r/min。

(5) 励磁方式:指电动机的励磁绕组和电枢绕组之间的连接方式,有他励、并励、串励和复励等。

(6) 额定励磁电流 I_{fN}:指电动机转速、电流、电压都为额定值时的励磁电流,单位为 A。

以上额定值数据都在电动机的铭牌上标出。此外,铭牌上还标有型号、使用条件及其他数据。

四、直流电动机的分类

直流电动机的分类方式很多,按励磁方式,可分为以下几类:
(1) 他励电动机,包括永磁电动机;
(2) 并励电动机;
(3) 串励电动机;
(4) 复励电动机。

五、直流电动机的起动、调速和制动

1. 直流电动机的起动

直流电动机由原始静止的状态接通电源,加速到稳定的工作转速称为起动。对于起动过程,一般有以下要求:①起动转矩大,起动快,以提高生产率;②起动时的电流冲击不要太大,以免对电源及电动机本身产生有害的影响;③起动过程中消耗的能量要小;④起动设备简单,便于控制。直流电动机很容易满足这些要求,它的起动性能比交流电动机要好。

直流电动机的起动可采用三种方法:直接起动;电枢串电阻起动;降压起动。

(1) 直接起动。把电动机接到额定电压的电源上进行起动称为直接起动。这种方法起动后电流很大,可达到额定电流 I_N 的几十倍,对电动机的换向、温升以及机械方面都很不利,一般不采用,只有容量很小的直流电动机才直接起动。

(2) 电枢串电阻起动。如图 1-3 所示,在他励电动机的电枢回路里串入起动电阻 R_s,就能限制起动电流的大小。

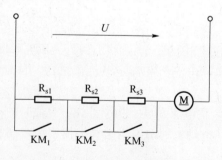

图 1-3 电枢串电阻起动

一般的直流电动机,最初的起动电流 I_s 限制在2倍或2.5倍额定电流的范围内。当电动机转动起来以后,随着转子转速 n 的上升,电枢电流 I_a 要减小,产生的电磁转矩也减小,转子加速缓慢下来,这样势必延长了起动时间。如果要求起动过程短,可以分几级切除起动电阻。当电动机的转速上升到某一转速时,利用接触器使 KM_1 触头闭合,切除电阻 R_{s1},于是电枢电流又增大,起动加速。之后,陆续闭合 KM_2、KM_3 触头,使电动机的转速 n 最终达到预定的稳定数值。

(3) 降压起动。当电动机的容量较大而起动又较频繁时,电枢串电阻起动所消耗的能量过大,这时可以采用降低电源电压的方法起动。

2. 直流电动机的反转

由于电磁转矩是主磁极磁通和电枢电流的相互作用而产生的,所以,改变两者中任意之一时,根据左手定则,作用力的方向就会改变。因此,改变直流他励电动机转向的方法有两种:①电枢绕组两端极性不变,将励磁绕组反接,即改变磁场极性;②励磁绕组极性不变,将电枢绕组反接。

运行中的电动机不采用通过改变磁场来改变转向的方法,一般都采用改变电枢电流的方法改变电动机的转向。如图1-4所示,当正向接触器触点 KM_1 闭合(反向接触器触点 KM_2 同时断开)时,电枢绕组 S_1 接到电源正极,S_2 接到电源负极;反之,若将 KM_1 断开,KM_2 闭合,则 S_2 接到电源正极,S_1 接到电源负极,电枢电流的方向就改变了。

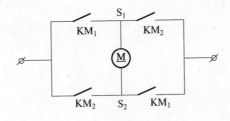

图1-4 直流电动机的反转

3. 直流电动机的调速

很多生产机械为适应其工艺过程的要求,在不同的情况下,必须具有不同的转速,因此,要求电动机的转速必须能够调节。所谓调速是指在负载转矩不变的情况下,人为地改变电动机的机械特性从而改变系统的转速。分析直流电动机的调速性能,实际上是较深入地研究其机械特性。当掌握了各种情况下电动机的机械特性后,就能运用它们去满足生产机械的需要,达到调速的目的。

(1) 并励直流电动机的调速。根据机械特性方程

$$n = \frac{U}{C_e\phi} - \frac{R_a}{C_e C_t \phi^2}T = n_0' - \alpha T$$

可知,改变电枢回路的电阻 R_a、励磁磁通 ϕ 或通电源电压 U 的大小,均可以改变直流电动机的转速 n。因此,直流电动机的调速方法有三种:串联电枢电阻调速;降压调速;弱磁调速。

(2) 串励直流电动机的调速。为了调速,在串励直流电动机里,让励磁电流 I_f 与电枢电流 I_a 不相等,它们之间的关系为: $I = \beta I_a$(β 为常数)。这样,串励直流电动机的机械特性方程为

$$n = \frac{U}{\sqrt{T}} - \frac{R_a}{C_e k \beta}$$

可见,串励直流电动机的调速方法也有三种:串联电枢电阻 R_s;改变端电压 U;改变 I_f 与 I_a 的比值 β。

4. 直流电动机的制动

电动机在脱离电源以后,靠空载摩擦损耗转矩来消耗拖动系统原有的动能,使它逐渐停止运转,这种方法称为自由停车。自由停车需要较长的时间,为提高生产效率和保障人身及设备的安全,有时要求电动机在很短的时间内减速或停车,或限制电动机的转速不超过允许的安全值,这就要对电动机实行制动。

直流电动机的制动方式分为机械制动和电气制动。电气制动的方式有三种:能耗制动;电源反接制动;回馈制动(再生制动)。

(1) 能耗制动。假设切断电源后的电动机接电阻负载,此时这个电动机就好像一台发电机。这样,一部分动能将变为电能在电阻负载中消耗掉。电动机所产生的电流将使电枢绕组上受到一个电磁力矩的作用,这个电磁力矩方向与电动机旋转方向相反,因此产生制动作用。这种制动的方法称为能耗制动,其电路图如图 1-5(b) 所示。

(2) 电源反接制动。将电动机电枢绕组两端的电压或励磁绕组两端的电压反接,使电动机强制减速而起到制动作用,这种制动方法称为电源反接制动,其电路图如图 1-5(c) 所示。电源反接制动效果显著,但需防止反转。

(3) 回馈制动。由系统的机械能拖动电动机加速,或者在运行中将电动机降压调速,使电动机的转速超过理想空载转速,当 $n > n_0$ 时 $E > U$,电动机处于发电运行状态,将电能反馈回电网,同时产生制动转矩,限制电动机继续加速运转或加快转速,这种制动方法称为回馈(再生)制动,其电路图如图 1-5(d) 所示。

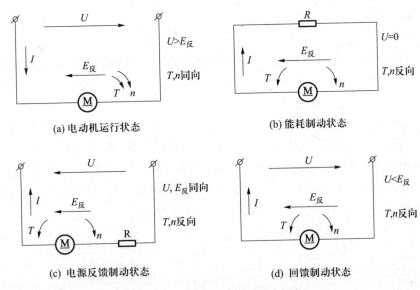

图1-5 直流电动机的制动方式

技能训练一 直流电动机的接线、起动和调速实训

一、实训内容

（1）直流他励电动机的接线；
（2）直流他励电动机的起动；
（3）直流他励电动机的调速及改变转向。

二、参考电路图

直流他励电动机接线图如图1-6所示。

三、实训器材、工具

实训器材、工具见表1-1。

表1-1 器材、工具

序号	型号	名 称	单位	数量/套	备注
1	DD03	测速发电机	台	1	
2	DJ23	校正直流测功机	台	1	
3	DJ15	直流他励电动机	台	1	
4	D31	直流数字电压、毫安、安培表	件	2	
5	D42	三相可调电阻器	件	1	
6	D44	可调电阻器、电容器	件	1	

四、实训步骤及要求

1. 直流他励电动机的接线

按图1-6接线。图中直流他励电动机 M 用 DJ15,其额定功率 P_N = 185W,额定电压 U_N = 220V,额定电流 I_N = 1.2A,额定转速 n_N = 1600r/min,额定励磁电流 I_{fN} < 0.16A。校正直流测功机 MG 作为测功机使用,TG 为测速发电机。直流电流表选用 D31。R_{f1} 用 D44 的1800Ω阻值作为直流他励电动机励磁回路串接的电阻。R_{f2} 选用 D42 的1800Ω阻值的变阻器作为 MG 励磁回路串接的电阻。R_1 选用 D44 的180Ω阻值作为直流他励电动机的起动电阻,R_2 选用 D42 上的900Ω串900Ω加上900Ω并900Ω共2250Ω阻值作为 MG 的负载电阻。接好线后,检查 M、MG 及 TG 之间是否用联轴器直接连接好。

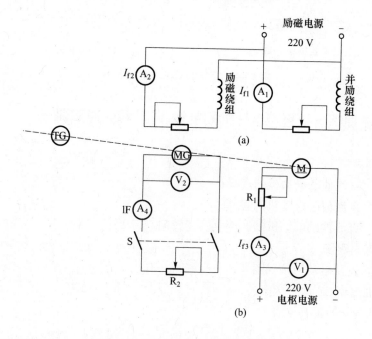

图1-6 直流他励电动机接线图

2. 他励直流电动机起动

(1) 检查按图1-6的接线是否正确,电表的极性、量程选择是否正确,电动机励磁回路接线是否牢固。然后,将电动机电枢串联起动电阻 R_1、测功机 MG 的负载电阻 R_2、MG 的磁场回路电阻 R_{f2} 调到阻值最大位置,M 的磁场调节电阻 R_{f1} 调到最小位置,断开开关 S,并确认断开控制屏下方右边的电枢电源开关,做好起动准备。

(2) 开启控制屏上的钥匙开关,按下其上方的"起动"按钮,接通其下方左边的励磁电源开关,观察 M 及 MG 的励磁电流值,调节 R_{f2} 的阻值使 I_{f2} 等于校正值(100mA)并保持不变,再接通控制屏右下方的电枢电源开关,使 M 起动。

(3) M 起动后观察转速表指针偏转方向,应为正向偏转,若不正确,可拨动转速表上正、反向开关来纠正。调节控制屏上电枢电源"电压调节"旋钮,使电动机电枢端电压为 220V。减小起动电阻 R_1 阻值,直至短接。

(4) 合上校正直流测功机 MG 的负载开关 S,调节 R_2 阻值,使 MG 的负载电流 I_F 改变,即直流电动机 M 的输出转矩 T_2 改变(调不同的 I_F 值,查对应于 I_{f2} = 100mA 时的校正曲线 $T_2 = f_{IF}$,可得到 M 不同的输出转矩 T_2 值)。

3. 调节他励电动机的转速

分别改变串入电动机 M 电枢回路的调节电阻 R_1 和励磁回路的调节电阻 R_{f1} 阻值,观察转速变化情况。

4. 改变电动机的转向

将电枢串联起动变阻器 R_1 的阻值调回到最大值,先切断控制屏上的电枢电源开关,然后切断控制屏上的励磁电源开关,使他励电动机停机。在断电情况下,将电枢(或励磁绕组)的两端接线对调后,再按他励电动机的起动步骤起动电动机,并观察电动机的转向及转速表显示的转向。

五、注意事项

(1) 直流他励电动机起动时,须将励磁回路串联的电阻 R_{f1} 阻值调至最小,先接通励磁电源,使励磁电流最大,同时必须将电枢串联起动电阻 R_1 阻值调至最大,然后方可接通电枢电源,使电动机正常起动。起动后,将起动电阻 R_1 阻值调至零,使电动机正常工作。

(2) 直流他励电动机停机时,必须先切断电枢电源,然后断开励磁电源。同时必须将电枢串联的起动电阻 R_1 阻值调回到最大值,励磁回路串联的电阻 R_{f1} 阻值调回到最小值,给下次起动做好准备。

任务二 三相异步电动机及其应用

一、三相笼型异步电动机的结构

在生产实际中,应用最多的是三相异步电动机,机床、起重机、锻压机、鼓风机、水泵大多数生产机械都用它来驱动。三相异步电动机结构简单,运行可靠,坚固耐用,使用方便。三相异步电动机又称三相感应电动机,俗称马达,它由两个基本部分组成:定子和转子,其结构如图 1-7 所示。

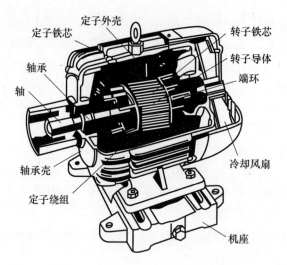

图 1-7 三相异步电动机的结构

1. 定子

定子主要由机座、定子铁芯、定子绕组等组成。定子铁芯是电动机磁路的一部分,它由互相绝缘的硅钢片叠成圆筒形,装在机座内壁上。在定子铁芯的内圆周表面均匀冲有槽孔,用于嵌放定子绕组,如图 1-8 所示。定子绕组是用绝缘铜线或铝线绕制而成,对称三相定子绕组 U_1-U_2、V_1-V_2、W_1-W_2 按一定规律嵌放在槽中,其 6 个接线端都引到机座外的接线盒中,以便将其作星形(Y)或三角形(△)连接,如图 1-9 所示。

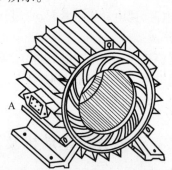

图 1-8 三相异步电动机的定子

2. 转子

转子主要由转轴、转子铁芯和转子绕组等组成。转轴上压装有硅钢片叠成的圆柱形转子铁芯,转子铁芯也是电动机磁路的一部分,在转子铁芯的圆周表面均匀冲有槽孔,槽内嵌放转子绕组。按转子绕组结构不同,转子分为笼型转子和

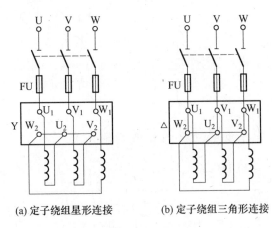

(a) 定子绕组星形连接　　　　(b) 定子绕组三角形连接

图 1-9　定子绕组的接线方式

绕线型转子两种。

笼型转子电动机构造简单、价格低廉、工作可靠、维修方便。绕线型转子电动机构造比较复杂,成本较高,但它具有较好的起动和调速性能,一般用在有特殊需要的场合,如起重、运输、提升等设备。这里主要讨论笼型转子电动机。

笼型转子的结构如图 1-10 所示。在转子铁芯的槽内放置铜条,铜条的两端用铜环短接。由铜条和铜环所构成的转子绕组,其形状与笼子相似,因此称作笼型电动机。

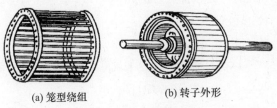

(a) 笼型绕组　　　　(b) 转子外形

图 1-10　笼型转子

二、三相笼型异步电动机的工作原理

当三相定子绕组中通入对称的三相交流电时,就产生了一个以同步转速 n_1 沿定子和转子内圆空间作顺时针方向旋转的旋转磁场。由于旋转磁场以 n_1 转速旋转,转子导体开始时是静止的,故转子导体将切割定子旋转磁场而产生感应电动势(感应电动势的方向用右手定则判定)。由于转子导体两端被短路环短接,在感应电动势的作用下,转子导体中将产生与感应电动势方向基本一致的感应电流。转子的载流导体在定子磁场中受到电磁力的作用(力的方向用左手定则判定)。电磁力对转子轴产生电磁转矩,驱动转子沿着旋转磁场方向旋转。

当电动机的三相定子绕组(各相差120°电角度)通入三相对称交流电后,将产生一个旋转磁场,该旋转磁场切割转子绕组,从而在转子绕组中产生感应电流(转子绕组是闭合通路),载流的转子导体在定子旋转磁场作用下将产生电磁力,从而在电动机转轴上形成电磁转矩,驱动电动机旋转,并且电动机旋转方向与旋转磁场方向相同。

三、三相笼型异步电动机的铭牌与额定值

在三相异步电动机的机壳上均有一块铭牌,如图1-11所示。

图1-11 三相异步电动机铭牌

型号表示电动机的种类和特点。例如,Y-112M-4的含义如下:

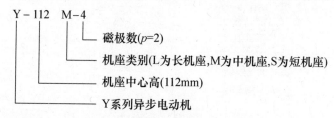

异步电动机的产品名称代号及其汉字意义见表1-2。

表1-2 异步电动机产品名称代号及汉字意义

产品名称	新代号	汉字意义	旧代号
异步电动机	Y	异	J,JO
绕线型异步电动机	YR	异绕	JR,JRO
防爆型异步电动机	YB	异爆	JB,JBS
高起动转矩异步电动机	YQ	异起	JQ,JQO

(1)额定功率 P_N 表示电动机额定运行时输出的机械功率。

(2)额定电压 U_N 表示电动机额定运行时定子绕组上所加的线电压有效值。

(3) 额定电流 I_N 表示电动机额定运行时定子绕组的线电流有效值。

(4) 额定转速 n_N 表示电动机额定运行时转子的转速。

(5) 额定频率 f_N 表示电动机定子绕组所接电源的频率。

(6) 接法表示定子三相绕组的接法,与电源电压有关。若铭牌上的电压 380V,接法为△时,表明定子每相绕组的额定电压是 380V,当电源线电压为 380V 时,定子绕组接成三角形;若铭牌上的电压为 380/220V,接法为 Y/△,表明定子每相绕组的额定电压是 220V,所以,当电源线电压为 380V 时,定子绕组应接成星形,当电源线电压为 220V 时,定子绕组应接成三角形。通常功率在 3kW 以下的异步电动机,定子绕组为星形连接;功率在 4kW 以上的异步电动机,定子绕组为三角形连接。

(7) 防护方式,表示电动机外壳防护的方式。封闭式电动机因外壳是全封闭的,所以防护效果好,但散热条件较差。为增大散热面积,机壳上都铸有散热片,尾部装有外风扇,Y 系列电动机多采用 IP44 防护方式。

(8) 绝缘等级,表示电动机各绕组及其他绝缘部件所用绝缘材料的等级。绝缘材料按耐热性能可分为 Y、A、E、B、F、H、C 7 个等级,如表 1-3 所列。Y 系列电动机多采用 B 级绝缘。

表 1-3 绝缘材料耐热性能数据

绝缘等级	Y	A	E	B	F	H	C
最高允许温度/℃	90	105	120	130	155	180	>180

(9) S1 表示电动机在铭牌标出的额定条件下长期连续运行;S2 表示短时间工作制,在额定条件下只能在规定时间内运行(即在短时工作后有一段较长的间隔时间使电动机充分冷却);S3 表示断续工作制,在额定条件下以周期性间歇方式运行(电动机周期性地开机停机,每个周期不超过 10min,其中开机时间不超过工作周期的 60%)。

此外,铭牌上的 LW 82dB 表示噪声等级为 82dB,45kg 是电动机的质量等。

四、三相笼型异步电动机的安全运行

1. 异步电动机的选择

异步电动机的选择,应该从实用、经济、安全等原则出发,根据生产的要求,正确选择其容量、种类、结构形式,以保证生产的顺利进行。

(1) 类型的选择:异步电动机有笼型和绕线型转子两种。笼型电动机结构简单、维修容易、价格低廉,但起动性能较差,一般空载或轻载起动的生产机械方可选用。绕线型转子电动机起动转矩大,起动电流小,但结构复杂,起动和维护较麻项,只用于需要大起动转矩的场合,如起重设备等,此外还可以用于需要适当调速的机械设备。

(2)转速的选择:异步电动机的转速接近同步转速,而同步转速(磁场转速)是以磁极对数 p 来分挡的,在两挡之间的转速是没有的。电动机转速选择的原则是使其尽可能接近生产机械的转速,以简化传动装置。

(3)容量的选择:电动机容量(功率)的大小是由生产机械决定的,即由负载所需的功率决定。例如,某台离心泵,根据它的流量、扬程、转速、水泵效率等,计算它的容量为 39.2kW,根据计算功率,在产品目录中找一台转速与生产机械相同的 40kW 电动机即可。

2. 异步电动机的运行与维护

合理选用和正确使用电动机是保证其正常运行的两个重要环节。合理选用如上所述,正确使用应保证以下 3 个运行条件:

(1)电源条件:电源电压、频率和相数应与电动机铭牌数据相等。电源电压为对称系统、电压额定值的偏差不超过 ±5%(频率为额定值时);频率的偏差不得超过 ±1%(电压为额定值时)。

(2)环境条件:电动机运行地点的环境温度不得超过 40℃,适用于室内通风干燥等处。

(3)负载条件:电动机的性能应与起动、制动、不定额的负载以及变速或调速等负载条件相适应,使用时应保持负载不得超过电动机额定功率。

正常运行中的维护应注意以下几点:

(1)电动机在正常运行时的温度不应超过允许的限度。运行时,人员应注意经常监视各部位的温升情况。

(2)监视电动机负载电流。电动机过载或发生故障时,都会引起定子电流剧增,使电动机过热。应通过电流表监视电动机负载电流,正常运行的电动机负载电流不应超过铭牌上所规定的额定电流值。

(3)监视电源电压、频率的变化和电压的不平衡度。电源电压和频率的过高或过低、三相电压的不平衡都会造成电流不平衡,都可能引起电动机过热或其他不正常现象。电流平衡度不应超过 10%。

(4)注意电动机的气味、振动和噪声。绕组因温度过高就会发出绝缘焦味。有些故障,特别是机械故障,很快会反映为振动和噪声,因此在闻到焦味或发现不正常的振动或碰擦声、特大的嗡嗡声或其他杂音时,应立即停电检查。

(5)经常检查轴承发热、漏油情况。定期更换润滑油,滚动轴承润滑脂不宜超过轴承室容积的 70%。

(6)对绕线型转子异步电动机,应检查电刷与集电环间的接触、电刷磨损以及火花情况,如火花严重必须及时清理集电环表面,并校正电刷弹簧压力。

(7) 注意保持电动机内部清洁,不允许有水滴、油污以及杂物等落入电动机内部。电动机的进风口必须保持畅通无阻。

技能训练二 三相异步电动机的接线和通用测试实训

一、实训内容
(1) 记录三相异步电动机的铭牌。
(2) 连接三相异步电动机三相绕组,并使电动机直接起动和实现反转。
(3) 学习使用转速表和钳形电流表测量异步电动机转速和电流的方法。

二、实训器材
实训器材如表1-4所列。

表1-4 器材、工具

序号	名称	单位	数量/套	备注
1	万用表	件	1	
2	交流电压表	件	1	
3	兆欧表	件	1	
4	钳形电流表	件	1	
5	异步电动机	台	1	
6	转速表	件	1	

三、实训步骤及要求

(1) 熟悉异步电动机的外形结构及各种引线端,记录异步电动机的铭牌数据。

(2) 连接三相异步电动机三相绕组,并使电动机直接起动和实现反转。
按照铭牌要求,将异步电动机三相绕组正确连接,直接通过刀闸开关接到三相交流电源上。经检查无误后,闭合刀闸开关,直接起动异步电动机并观察电动机的转向;断开刀闸开关,改变异步电动机与三相交流电源接线的相序(倒换任意两相接线)后,再闭合刀闸开关,直接起动异步电动机,并观察电动机的转向是否已反转。

(3) 使用转速表和钳形电流表测量异步电动机的转速和电流。
使用转速表测量异步电动机的空载转速。使用钳形电流表测量异步电动机的起动电流 I_{st} 和空载电流 I_0。在起动时用钳形电流表测量异步电动机的起动电流 I_{st},因 I_{st} 持续时间很短,而仪表指针有惯性,因此只能读出瞬时电流的大概值。待异步电动机正常运转后读出空载电流 I_0,并计算起动电流、空载电流分别与异步电动机的额定电流之比,将测量数据记入表 1-5 和表 1-6 中。

表 1-5　电动机的转速测量值

磁极对数 p	同步转速 $n_1/(\text{r/min})$	同步转速 $n/(\text{r/min})$	转差率 s

表 1-6　电动机的电流测量值

I_{st}	I_{st}/I_N	I_0	I_0/I_N

四、思考题

1. 三相异步电动机的额定电压与电动机的接线方式有什么关系?
2. 分析改变定子绕组与电源接线的相序,就可改变三相异步电动机转向的原理。

任务三　步进电动机及其应用

一、步进电动机的工作原理

如图 1-12 所示,当 A 相绕组通电时,气隙中就产生个沿轴线 A-A′方向的磁场,由于磁极 A-A′的电磁吸力,转子转到使 1、3 两齿与磁极 A-A′对齐的位置上,如图 1-12(a)所示。如果通电状态不变,转子的位置也不变,也就是说,在这个位置上转子有自锁能力。同理,当 A 相绕组断电,B 相绕组通电时,转子

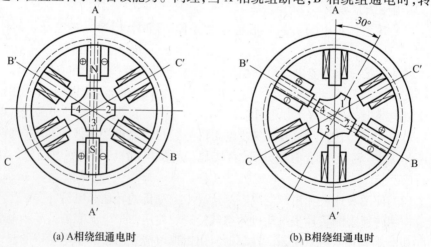

(a) A 相绕组通电时　　　　(b) B 相绕组通电时

图 1-12　反应式步进电机的结构原理图

铁芯齿2、4将被吸引过去,与磁极B-B′对齐,如图1-12(b)所示,即转子顺时针转了30°,当B相绕组断电,如此按A→B→C→A→……的顺序通电,则转子就沿顺时针方向一步一步转动,每一步转30°,每一步转过的角度称为步距角θ;从一相通电换到另一相通电称为一拍,每一拍转子转过一个步距角。如果通电顺序改为A→C→B→A→……,则转子将反方向一步一步转动。

上述通电方式的特点是,每次只有一相控制绕组通电,切换三次为一个循环,称为三相单三拍控制方式。在实际应用中,三相单三拍通电方式由于切换时在一相控制绕组断电而另一相控制绕组开始通电时容易造成失步,而且由单控制绕组通电吸引转子,也容易造成在平衡位置附近产生振荡,故运行稳定性差,所以较少采用,通常将它改为三相双三拍通电方式。

三相双三拍的通电顺序是AB→BC→CA→AB→……,每次有两相绕组同时通电,如图1-13所示,当A、B两相同时通电时,A、B两相的磁极对转子齿都有吸引力,转子齿1、3受到磁极A-A′的吸力,转了齿2、4受到磁极B-B′的吸力,转子停留在两个吸力相平衡的位置,即图1-13(a)所示的位置,转子齿3、4的槽线与轴线C-C′对齐。同理,当B、C两相同时通电时,转子转到图1-13(b)所示的位置,即转子齿4、1的槽线与轴线A-A′对齐。可见,双三拍运行与单三拍运行的原理相同,步距角仍为30°。如果要改变转子的旋转方向,可将通电顺序改为AC→CB→BA→AC……。

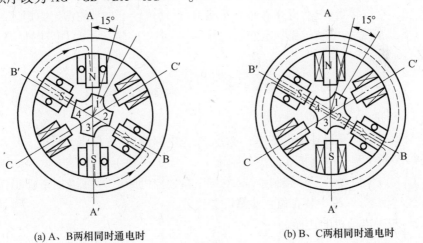

(a) A、B两相同时通电时　　　　　(b) B、C两相同时通电时

图1-13　三相双三拍反应式步进电动机

如果步进电动机按A→AB→B→BC→C→CA→A→……的顺序通电,则称为三相六拍运行方式,即单相通电和两相通电交替进行,每一循环共6拍,每改变一次通电状态,转子旋转的角度只有双三拍通电方式的1/2,即每拍转过15°。

无论采用何种通方式,步距角 θ 与转子齿数 Z 和拍数 N 之间都存在下列关系:

$$\theta = \frac{360°}{NZ}$$

若定子脉冲电压的频率为 f,则转子每秒将转过 $\theta = 360°f/NZ$,f 即步进电动机的转速。

$$n = \frac{360°f}{NZ}$$

由上式可知,要想降低步进电动机的转速:一是增加转子的齿数;二是增加拍数。

二、步进电动机的静态指标术语

步进电动机的静态指标术语主要有以下各项。

(1)相数:相数即产生不同对极 N、S 磁场的激磁线圈对数,常用 m 表示。

(2)拍数:完成一个磁场周期性变化所需脉冲数或导电状态,用 n 表示,或指电动机转过一个齿距角所需脉冲数。

(3)步距角:三相步进电动机每输入一个脉冲信号,电动机转过的角度。

(4)定位转矩:电动机在不通电状态下,电动机转子自身的锁定力矩。

(5)静转矩:电动机在额定静态电作用下,不作旋转运动时,电动机转轴的锁定力矩。

三、步进电动机的应用

1. 步进电动机的应用范围

(1)电子计算机外围设备中,主要用在光电阅读机、软盘驱动系统。

(2)数字程序控制机床的控制系统。

(3)点位控制的闭环控制系统,主要用在数控机床上,为了及时掌握工作台实际运行情况,系统中装有位置检测反馈装置。

2. 步进电动机的选择

(1)反应式步进电动机的特点:步距角小,起动和运行频率高,在一相绕组长期通电状态下,具有自锁能力,消耗功率较大,应用范围比较广泛。例如,闸门控制、数控机床及其他数控装置。

(2)永磁式步进电动机的特点:功率比较小,在断电的情况下有定位转矩,步距角大,起动和运行频率较低,主要应用在自动化仪表方面。

(3) 在相数的选择上,一般而言,相数增加,步距角变小,起动频率和运行频率都相应提高,从而提高了电动机运行的稳定性。在性能要求不高的系统,通常可考虑采用三相、四相和五相。

(4) 步距角的选择主要考虑传动系统的要求,步距角的大小、相数,转子的齿数或极数等。

如图 1-14 所示为步进电动机控制示意图。它把电脉冲信号变换成角位移或直线位移,其角位移量 θ 或直线位移量 s 与电脉冲数 k 成正比,其转速 n 或线速度 v 与脉冲频率 f 成正比。由步进电动机的控制特性分析可知,在额定负载范围内,角位移量 θ 或直线位移量 s、转速 n 或线速度 v,不因电源电压、负载大小、环境条件的波动而变化,因而很适合在开环系统中作执行元件,使控制系统成本下降。当用微型计算机进行数字控制时,它不需要进行数/模(D/A)转换,能直接把数字脉冲信号转换为角位移,力求定子各绕组间没有互感,定、转子都采用凸极结构,不考虑空间磁场谐波的有害影响,尽一切可能增加定位转矩的幅值和定位精度,把转速控制和调节放在次要地位,故图 1-15 所示是目前使用较多的经济型数控机床工作示意图。图中只示出了机床中工作台一个进给轴的控制。由图可见,步进电动机通过传动齿轮带动工作台运动,工作台的运动控制及位置精度全由步进电动机确定。目前,步进电动机的功率越来越大,已生产出功率步进电动机,它可以不通过传动齿轮等力矩放大装置,直接由功率步进电动机来带动机床运动,从而简化结构、提高系统精度。

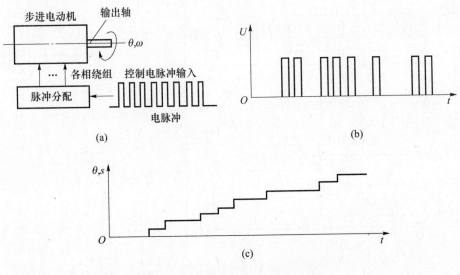

图 1-14 步进电动机控制示意图

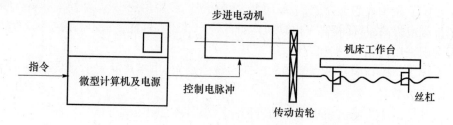

图 1-15 步进电动机控制的经济型数控机床工作示意图

技能训练三 三相异步电动机的认识和测试实训

一、实训内容

(1) 步进电动机的安装及搭接实训电路;
(2) 测试步进电动机的一些基本特性。

二、参考电路图

步进电动机实训电路图如图 1-16 所示。

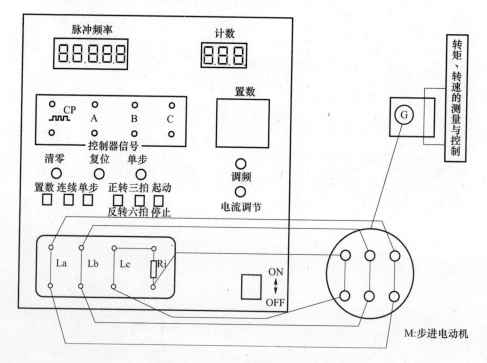

图 1-16 步进电动机实训电路图

三、实训器材

常用实训器材如表 1-7 所列。

表 1-7 器材、工具

序号	名 称	单位	数量/套	备注
1	MEL 系列电动机系统教学试验台	台	1	
2	调压器	件	1	
3	万用表	件	1	
4	转速转矩测量仪	件	1	
5	电子双踪示波器	台	1	
6	步进电动机的驱动电源	件	1	
7	直流电流表、直流电压表、交流电流表、交流电压表等	套	1	
8	步进电动机	件	1	

四、实训步骤及要求

1. 熟悉步进电动机的铭牌参数,观察接线盒出线情况

2. 步进电动机的安装

将电机导轨及测功机放在试验台的脚垫上,把步进电动机放在电机导轨上,步进电动机的转轴要和测功机的转轴对齐,通过联轴器连接在一起,将步进电动机的底垫和电机导轨用螺栓固定好。

将测功机和教学试验台上测功机转速转矩测量面板之间的连线连接好。

3. 步进电动机实训电路接线

看懂步进电动机实训电路图,如图 1-16 所示,按照步进电动机实训电路图接线。

4. 测试步进电动机的基本特性

将步进电动机接入实训电路,测功机和步进电动机脱开,并且接线时需断开控制电源。

(1) 单步运行状态。接通电源,按下"单步""复位""清零"按钮,最后按下"单步"按钮。每按一次"单步"按钮,步进电动机将走一步距角,电动机相应绕组的发光管发光,不断按下"单步"按钮,电动机转子也不断作步进运行,改变电动机转向,电动机转子作反向步进运行。

(2) 测试角位移和脉冲数的关系。按下"置数"开关,给拨码开关预置步数,分别按下"复位"和"清零"按钮,记录电动机所处位置。

按下"起动/停止"开关,电动机运转,观察并记录电动机偏转的角度,填入表 1-8 中。再重新预置步数,重复观察并记录电动机偏转的角度,再填入表

1-8中,并利用公式计算电动机理论偏转的角度是否与其结果一致。

表1-8　角位移和脉冲数的测试关系表

序号	预置步数	电动机实际偏转角度	电动机理论偏转角度
1			
2			

通过以上实验,若电动机处于失步状态,则数据无法读出,必须调节"调频"电位器旋钮,寻找合适的电动机运转速度(可以通过观察电动机是否能够正常实现正反转),使电动机处于正常工作状态。

(3) 测定步进电动机定子绕组中电流和频率的关系。步进电动机空载连续运转后,用电子双踪示波器观察取样电阻波形,即为控制绕组中的电流波形,改变频率,观察波形的变化。在停机条件下,将测功机和步进电动机同轴连接,起动步进电动机,并调节负载转矩的大小,观察定子绕组中的电流波形。

(4) 测平均转速和脉冲频率的关系。步进电动机处于连续运行状态,改变"调频"电位器旋钮,测量频率与对应的转速填入表1-9中。

表1-9　角位移和脉冲数的测试关系表

序号	频率	电动机的转速	备注
1			
2			
3			
4			
5			

(5) 测试矩频特性。步进电动机处于空载连续运行状态,缓慢顺时针调节"转矩设定"按钮,对电动机逐渐增加负载,直至电动机失步,读出此时的转矩值。

改变频率,重复上述过程,得到一组与频率对应的转矩值,即为步进电动机的矩频特性,记录于表1-10中。

表1-10　矩频特性的测试表

序号	频率	转矩	备注
1			
2			
3			
4			
5			

任务四 伺服电动机及其应用

一、直流伺服电动机

伺服电动机在自动控制系统中作为执行元件,其作用是将输入的电信号转变为轴上的位移或速度输出。输入的电信号又称为控制信号,通过改变控制信号的大小和极性可以改变伺服电动机的转速与转向。根据使用电源的不同,伺服电动机可分为直流伺服电动机和交流伺服电动机两大类。直流伺服电动机输出功率较大,一般为 1~600W,有时甚至可以达到上千瓦;而交流伺服电动机输出功率较小,一般为 0.1~100W。

直流伺服电动机的结构和工作原理与普通的他励电动机相同,只不过直流伺服电动机转子做得比较细长,以减小转动惯量,从而能满足伺服电动机的快速性要求,输出功率比较小。

电磁式直流伺服电动机的接线如图 1-17(a)所示。当励磁绕组和电枢绕组都通过电流时,直流电动机便转动,当其中任意一个绕组断电时,电动机立即停转。因此,控制信号既可加到励磁绕组上,也可加到电枢绕组上,相应地控制方式也有两种,即磁场控制和电枢控制。磁场控制通过适当改变磁通来进行,它的调节特性在某范围不是单值函数,一个转速对应两个控制信号,因此通常情况下都采取电枢控制方式。

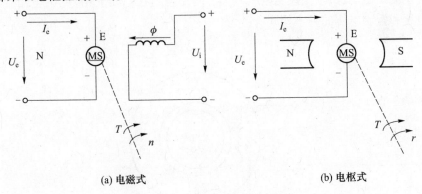

图 1-17 直流伺服电动机接线图

电枢控制直流伺服电动机的励磁绕组接在电压恒定的直流电源上 U_t,电枢绕组接控制电压 U_e,此时,直流伺服电动机与他励电动机的机械特性相同。电枢控制直流伺服电动机的机械特性是线性的,控制信号消失后,电动机停止转动,不存在"自转"现象,因而在自动控制系统中该种电动机是一种很好的执行元件。

二、交流伺服电动机

1. 结构

交流伺服电动机的定子与异步电动机类似,转子主要有两种结构形式:笼型转子和非磁性空心杯转子。交流伺服电动机的笼型转子和三相异步电动机的笼型转子基本一样,不同之处是其导条采用高电阻率的导电材料制造,如青铜、黄铜等。另外,为了提高交流伺服电动机的快速响应性能,通常把笼型转子做得又细又长,以减小转子的转动惯量。非磁性空心杯转子交流伺服电动机有外定子和内定子两个定子。外定子铁芯槽内安放有励磁绕组和控制绕组,而内定子一般不放绕组,仅作为磁路的部分。非磁性空心杯转子位于内外绕组之间,通常用非磁性材料(如铜、铝或铝合金)制成。非磁性空心杯转子的转动惯量很小,故电动机快速响应性能好,而且运转平稳、平滑、无抖动现象;但由于使用内外定子,气隙较大,故励磁电流较大,体积也较大。

交流伺服电动机实际上就是两相异步电动机,只是交流伺服电动机的转子电阻大、转动惯量小,使伺服电动机具有宽广的调速范围、线性的机械特性、无"自转"现象和快速响应等性能,所以交流伺服电动机通常也称为两相交流伺服电动机。

2. 工作原理

如图 1-18 所示,电动机外定子上放置有励磁绕组 W_f 和控制绕组 W_c,分别接到交流励磁电源 U_f 和控制电压 U_c 上,两相绕组在空间上相差 90°电角度,励磁电压和控制电压的频率相同。

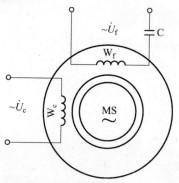

图 1-18 交流伺服电动机原理图

当交流伺服电动机的励磁绕组和控制绕组分别接到励磁电压与控制电压上,且励磁电压和控制电压不同相位时,在两相绕组间会建立一个旋转磁场,转子切割旋转磁场产生感应电动势和感应电流。旋转磁场与转子中的感应电流相互作用,产生电磁力矩,使电动机转子转动。电动机的旋转方向与旋转磁场的方向相同,若要改变电动机旋转方向,则应将控制电压的相位改变180°。如果电动机参数与一般的异步电动机相同,那么当控制信号消失时,电动机转速虽然会有所下降,但电动机仍会旋转。交流伺服电动机在控制信号消失后仍继续旋转的现象称为"自转",这在实际应用中是不允许的,通常可以通过增加转子电阻的办法消除"自转"的现象。增大转子电阻,不仅可以消除"自转"现象,还可以扩大交流伺服电动机的稳定运行范围;但转子电阻过大,会降低起动转矩,从而影响快速响应性能。

三、交流伺服电动机的应用

交流伺服电动机在自动控制系统、自动检测系统和计算装置中主要作为执行元件。

在自动控制系统中,根据被控对象不同,有速度控制和位置控制之分,尤其是位置控制系统,可以实现远距离角度传递,它的工作原理是将主轴的转角信息传递到远距离的执行轴,使之出现主轴的转角位置。这类应用实例,如工业上发电厂闸门的开启,轧钢机中轧辊间隙的自动控制,军事上火炮和雷达的定位等。交流伺服电动机在检测装置中应用的例子很多,例如电子自动电位差计、电子自动平衡电桥等。

在计算装置中,交流伺服电动机和其他控制元件一起组成各种计算装置,可以进行加、减、乘、除、乘方、开方、正弦函数、微分和积分等运算。

技能训练四　伺服电动机的认识和接线实训

一、实训内容

(1)交流伺服电动机的安装及搭接实训电路;

(2)测试交流伺服电动机采用幅值控制时的机械特性。

二、参考电路图

交流伺服电动机实训电路图见图1-19。

三、实训器材

常用的实训器材如表1-11所列。

四、实训步骤及要求

1. 熟悉交流伺服电动机的铭牌参数,观察接线盒出线情况

2. 交流伺服电动机的安装

将电动机导轨及测功机安放在试验台的脚垫上,把交流伺服电动机安放在

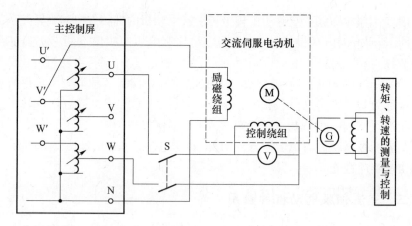

图1-19 交流伺服电动机实训电路图

表1-11 器材、工具

序号	名称	单位	数量/套	备注
1	MEL系列电机系统教学试验台	台	1	
2	调压器	件	1	
3	万用表	件	1	
4	转速转矩测量仪	件	1	
5	电子双踪示波器	台	1	
6	电动机导轨及测功机	件	1	
7	直流电流表、直流电压表、交流电流表、交流电压表等	套	1	
8	交流伺服电机	件	1	

电动机导轨上,交流伺服电动机的转轴要和测功机的转轴对齐,用联轴器连接在一起,将交流伺服电动机的底垫和电动机导轨用螺栓固定好。

将测功机和教学试验台上测功机转速转矩测量面板之间的连线连接好。

3. 伺服交流电动机实训电路接线

看懂交流伺服电动机实训电路图,如图1-19所示。交流伺服电动机 M 的额定功率为25W,额定控制电压为220V,额定励磁电压为220V,空载转速为2700r/min。

按照步进电动机实训电路图接线。其中 M 为交流伺服电动机,G 为涡流测功机,交流电压表为教学试验台上自带的仪表。

4. 观察交流伺服电动机有无"自转"现象

(1) 将交流伺服电动机和测功机脱开,调压器旋扭逆时针调到底,使输出电压为零。

（2）合上开关 S。

（3）接通交流电源,调节三相调压器,使输出电压逐渐增加,交流伺服电动机应起动运转,继续升高电压直到电压表指示为 127V。

（4）待电动机空转运行稳定后,打开开关 S,观察电动机有无"自转"现象。

（5）将控制绕组上的电压改变 180°电角度,观察电动机转向有无改变。

5. 测试交流伺服电动机采用幅值控制时的机械特性

（1）将交流伺服电动机和测功机同轴连接,调节三相调压器,使控制绕组上的电压为额定值 220V,保持励磁电压也为额定值 220V。

（2）调节测功机负载,记录交流伺服电动机从空载到接近堵转时的转速以及相应的转矩,至少要测试 6~7 组数据。

（3）调节三相调压器,使控制绕组上的电压为 0.75 倍额定控制电压,保持励磁电压为额定值 220V。

（4）调节测功机负载,记录交流伺服电动机从空载到接近堵转时的转速以及相应的转矩,至少要测试 6~7 组数据。

项目二　常用低压电器

任务一　控 制 电 器

电器对电能的生产、输送、分配和使用起控制、调节、检测、转换及保护作用，是所有电工器械的简称。低压控制电器则是工作在交流电压1200V，或直流电压1500V及以下的电路中起通断、保护、控制或调节作用的电气产品。它能够依据操作信号或外界现场信号的要求，自动或手动地改变电路的状态、参数，实现对电路或被控对象的控制、保护、测量、指示和调节等功能。

一、低压电器的分类

低压电器的种类、规格很多，其作用、结构及工作原理各不相同，因此分类方式也很多。

（1）按动作方式，分为自动切换电器和非自动切换电器。

自动切换电器依靠自身参数变化或外来信号的作用自动完成接通或分离动作。常用的自动电器有接触器、继电器等。

非自动切换电器主要依靠外力直接操作来完成接通、分断的切换动作。常用的手动电器有刀开关、转换开关和主令电器等。

（2）按用途，分为控制电器、保护电器和执行电器。

控制电器是指在低压配电系统及动力设备中起控制作用的电器，包括开关电器、低压断路器、接触器、继电器等。

保护电器用于对电路与电气设备的安全保护，包括熔断器、低压断路器等。

执行电器是用于完成某种动作或传送功能的电器，包括电磁阀和电磁离合器等。

（3）按工作原理，分为电磁式电器和非电量控制电器。

电磁式电器根据电磁感应原理来工作，如接触器、各类电磁式继电器等。电磁式电器在低压电器中占有十分重要的地位，在电气控制系统中应用最为普遍。

非电量控制电器是靠外力或某种非电物理量的变化而动作的电器，如行程开关、按钮、速度继电器、压力继电器和温度继电器等。

（4）按有无触头，分为有触头电器和无触头电器。

有触头电器有动触头和静触头，利用触头的分与合实现电路的断与通。无触头电器没有触头，主要利用晶体管的导通与截止来实现电路的通与断。

另外，低压电器按工作条件还可划分为一般工业电器、船用电器、化工电器、矿用电器、牵引电器及航空电器等，对不同类型低压电器的防护形式、耐潮湿、耐腐蚀、抗冲击等性能的要求不同。

二、低压开关电器

开关电器用于隔离电源或在规定的条件下接通、分断电路以及转换正常或非正常的电路，包括刀开关、低压断路器、转换开关等。

（一）刀开关

刀开关又称闸刀开关或隔离开关，是一种结构最简单、应用最广泛的手控电器，广泛应用于各种配电设备和供电线路中，接通和切断长期工作设备的电源，用于接通和切断不频繁起动且容量小于 7.5kW 的异步电动机。

1. 刀开关的结构和分类

刀开关的典型结构如同 2-1 所示，由手柄、静插座、动触刀、铰链支座等组成。推动手柄使动触刀插入静插座中，电路就会被接通。为保证刀开关合闸时动触刀和静插座接触良好，动触刀与静插座之间应有一定的接触压力。

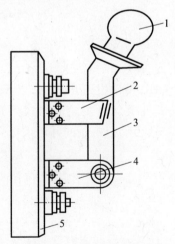

图 2-1 刀开关的典型结构
1—手柄；2—静插座；3—动触刀；4—铰链支座；5—绝缘底板。

刀开关的种类很多，主要包括大电流刀开关、负荷开关、熔断式刀开关。按接触极数可分为单极、双极和三极；按灭弧装置分带灭弧装置和不带灭弧装置；

按操作方式分为直接手柄操作和远距离连杆操作;按转换方式可分为单投和双投等。

负荷开关是常用的刀开关,如图2-2所示,包括开启式负荷开关和封闭式负荷开关,主要作为电气照明电路、电热电路及小容量电动机的不频繁带负荷操作的控制开关。封闭式负荷开关一般用于电力排灌、电热器及电气照明等设备中,用来不频繁地接通和分断电路,及全电压起动小容量异步电动机,并对电路有过载和短路保护。封闭式负荷开关还具有外壳门锁闭功能。

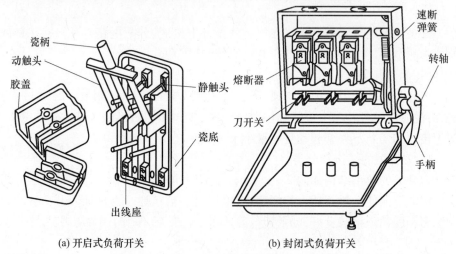

图2-2 常用的刀开关

2. 刀开关的型号及电气符号

目前,常用的刀开关有 HD 型单投刀开关、HS 型双投刀开关、HK 型开启式负荷开关、HH 型封闭式负荷开关、HR 型熔断器式刀开关、HZ 型组合开关等。刀开关的型号组成如图2-3所示,以常用的开启式负荷开关和封闭式负荷开关为例加以讲解。

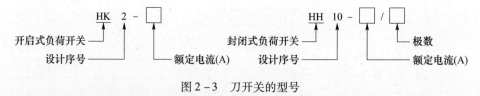

图2-3 刀开关的型号

刀开关一般用的文字符号为 QS,图形符号如同2-4所示。

3. 刀开关的主要技术参数

(1) 额定电压:在长期工作中能承受的最大电压称为额定电压。目前生产

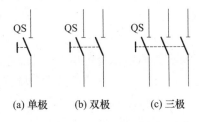

图 2-4 刀开关的图形符号

的刀开关的额定电压,一般为交流 500V 以下,直流 440V 以下。

(2) 额定电流:刀开关在合闸位置允许长期通过的最大工作电流称为额定电流。小电流刀开关的额定电流有 10A、15A、20A、30A、60A 五级,大电流刀开关的额定电流有 100A、200A、400A、600A、1000A、1500A、3000A、6000A 等级别。

(3) 使用寿命:刀开关的使用寿命分机械寿命和电气寿命两种。机械寿命是指不带电情况下所能达到的操作次数;电气寿命是指刀开关在额定电压下能可靠地分断额定电流的总次数。

(4) 动稳定性电流:发生短路事故时,不产生变形、破坏或触刀自动弹出现象的最大短路电流峰值即刀开关的动稳定性电流,一般是其额定电流的数十倍。

(5) 热稳定性电流:发生短路事故时,如果能在一定时间(通常是1s)内通以某一短路电流,并且不会因温度急剧上升而发生熔焊现象,则这一短路电流就称为刀开关的热稳定性电流。

(6) 通断能力:刀开关在额定电压下能可靠地接通和分断的最大电流。但这不是指触点所能通断的电流,而是指与刀开关所配的熔丝或熔断器的通断能力,刀开关本身只能通断额定值以下的电流。

4. 刀开关的选用与安装

(1) 刀开关的选用:

① 按用途和安装位置选择合适的型号和操作方式。

② 额定电压和额定电流必须符合电路要求。

③ 校验刀开关的动稳定性和热稳定性,如不满足要求,就应选大一级额定电流的刀开关。

(2) 刀开关的安装:

① 应做到垂直安装,闭合操作时的手柄操作方向应从下向上合,断开操作时的手柄操作方向应从上向下分;不允许采用平装或倒装,以防止产生误合闸。

② 安装后检查闸刀和静插座的接触是否成直线及紧密。

③ 母线与刀开关接线端子相连时,不应存在极大的扭应力,并保证接触可靠。在安装杠杆操作机构时,应调节好连杆的长度,使刀开关操作灵活。

（二）低压断路器

低压断路器又称自动开关或空气开关,是低压配电系统、电力拖动系统中非常重要的开关电器和保护电器,可用来分配电能、不频繁起动电动机、对供电线路及电动机等进行保护,用于正常情况下的接通和分断操作以及严重过载、短路及欠压等故障时的自动切断电路,在分断故障电流后,一般不需要更换零件,且具有较大的接通和分断能力,因而获得了广泛应用。

1. 低压断路器的结构及工作原理

低压断路器主要由触点系统、操作机构和脱扣器等部分组成,如图2-5所示。断路器的主触点由操作机构手动或电动合闸,并通过自动脱扣机构锁定在合闸位置。当电路发生故障时,自动脱扣机构在相关脱扣器的推动下动作,钩子脱开,主触点在弹簧力的作用下迅速分断。图中过电流脱扣器的线圈和过载脱扣器的线圈与主电路串联,欠压脱扣器的线圈与主电路并联。当电路发生短路或严重过载时,过电流脱扣器的衔铁被吸合,使自动脱扣机构动作;当电路过载时,过载脱扣器的热元件产生的热量增加,使双金属片向上弯曲,推动自动脱扣机构动作;当电路欠压时,欠压脱扣器的衔铁释放,自动脱扣机构动作。分励脱扣器一般作为远距离分断电路使用,按操作指令或信号控制脱扣机构动作,从而使断路器跳闸。

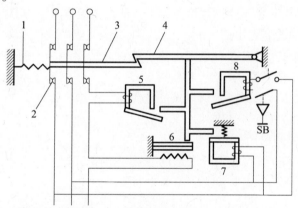

图2-5 低压断路器的结构示意图

1—弹簧;2—主触点;3—传动杆;4—锁扣;5—过电流脱扣器;
6—过载脱扣器;7—欠压脱扣器;8—分励脱扣器。

2. 低压断路器的类型及电气符号

低压断路器按用途分,有配电(照明)、限流、灭磁、漏电保护等几种;按动作时间分,有一般型和快速型;按结构分,有框架式(万能式DW系列)和塑料外壳式(装置式DZ系列),如图2-6所示。

(a) 框架式断路器　　　(b) 塑料外壳式断路器　　　(c) 智能断路器

图 2-6　各类断路器

框架式断路器又称万能断路器，它将所有构件组装在具有绝缘衬底的框架结构底座上。框架式断路器用于在配电网络中分配电能，并承担线路及电源设备的过载保护、欠压保护和短路保护；也可用于不频繁起动的 40～100kW 电动机回路中，作为过载、欠压和短路保护设备。一般大容量断路器多采用框架式，其主要产品有 DW10、DW15、DW16、DW17 等系列。

塑料外壳式断路器又称装置式断路器，它将所有构件组装在用模压绝缘材料制成的封闭型外壳内。塑料外壳式断路器按性能分为配电用和电动机保护用两种。配电用塑料外壳式断路器在配电网络中用来分配电能，并且作为线路、电源设备的过负荷、欠电压和短路保护。电动机保护用塑料外壳式断路器用于笼型电动机的过负荷、欠电压和短路保护，其主要产品有 DZ5、DZ10、DZ15、DZ20、DZ15L、DZ47、C453VE 等系列。

低压断路器的型号及含义如图 2-7 所示。低压断路器的文字符号用 QF 表示，图形符号如图 2-8 所示。

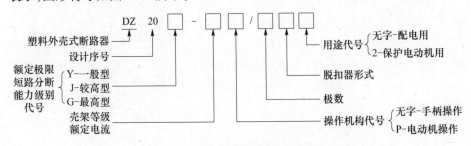

图 2-7　低压断路器的型号

3. 低压断路器的主要技术参数及选用

低压断路器的主要技术参数有额定电压、额定电流、通断能力、分断时间、各

图 2-8　低压断路器的图形符号

种脱扣器的整定电流、极数等。额定电压是指断路器长期工作时的允许电压；额定电流是指断路器长期工作时的允许电流，也就是脱扣器能长期通过的电流，对带有可调式脱扣器的断路器为可长期通过的最大工作电流；通断能力是指断路器在规定的电压、频率、功率因数及规定的电路参数下，能够分断的最大短路电流值；分断时间是指断路器切断故障电路所要需的时间。

低压断路器的选用原则：主要依据被控电路额定电压、负载电流及短路电流的大小。

（1）额定电压和额定电流应不小于电路的正常工作电压和工作电流；

（2）极限分断能力要大于或等于电路的最大短路电流；

（3）热脱扣器的整定电流应与所控制的电动机的额定电流或负载额定电流相等；

（4）欠压脱扣器的额定电压应等于主电路额定电压；

（5）过电流脱扣器的整定电流应大于负载正常工作时的尖峰电流，保护电机时按起动电流的 1.7 倍整定；

（6）极数和结构形式应符合安装条件、保护性能及操作方式的要求。

（三）转换开关

转换开关又称组合开关，一般用于不频繁地通断电路、换接电源或负载、测量三相电压和控制小型电动机正反转。转换开关由多对触点组成，手柄可手动向任意方向旋转，每旋转一定角度，动触头就接通或分断电路。由于采用了扭簧储能，开关动作迅速。

1. 转换开关的结构及符号

转换开关外形和内部结构如图 2-9 所示，由动触头、静触头、转轴、手柄、定位机构等部分构成，其动、静触头分别叠装在多层绝缘壳体内。根据动触头和静触头的不同组合，转换

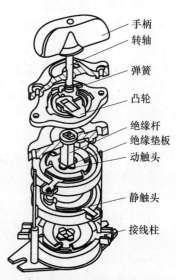

图 2-9　转换开关

开关有多种接线方式。它有三对静触头,每个触头的一端固定在绝缘垫板上,另一端伸出盒外,连接在接线柱上,三个动触头套在装有手柄的绝缘杆上。转动手柄就可将三对触头同时接通或分断。

转换开关的型号及含义如图 2-10 所示。转换开关用 SA 表示,图形符号如图 2-11 所示。

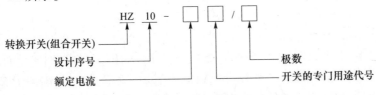

图 2-10 转换开关的型号

图 2-11 转换开关的图形符号

转换开关除了用图形符号和文字符号表示外,还可用触点状态图和通断表表示,如图 2-12 所示。

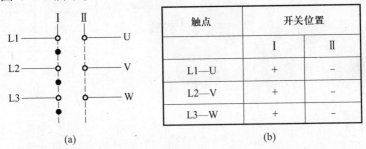

图 2-12 转换开关的触点状态图和通断表

2. 转换开关的主要技术参数与选用

转换开关的主要技术参数包括额定电压、额定电流、极数等。转换开关分单极、双极和三极。

转换开关的选用:

(1) 转换开关作为电源的引入开关时,其额定电流应大于电动机的额定电流;

(2) 转换开关用于控制小容量(5kW 以下)电动机起动、停止时,其额定电流应为电动机额定电流的 3 倍。

三、主令电器

主令电器主要用来接通和分断控制电路,在电力拖动系统中控制电动机的起动、停止、制动、调速等。主令电器可直接用于控制电路,也可通过电磁式电器间接作用于控制电路。在控制系统中它是专门用于发布控制指令的电器,故称为主令电器。常用的主令电器有按钮、行程开关等。

(一) 控制按钮

控制按钮俗称按钮,是一种结构简单、应用广泛的主令电器,一般情况下它不直接控制主电路的通断,而在控制电路中发出手动"指令"去控制接触器、继电器等电器,再由它们去控制主电路,也可用来转换各种信号线路与电气连锁线路等。

1. 控制按钮的结构和工作原理

控制按钮如图 2-13 所示,一般由按钮帽、复位弹簧、触点和外壳等组成。通常分为常开(动合)按钮、常闭(动断)按钮和复合控制按钮。

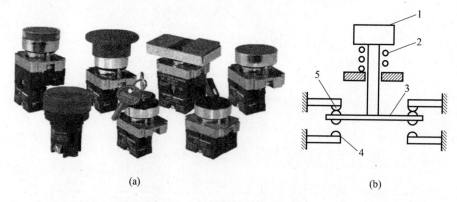

图 2-13 控制按钮外形与结构

1—按钮帽;2—复位弹簧;3—动触点;4—常开触点静触点;5—常闭触点静触点。

常开(动合)按钮为起动按钮,未按下时,触点是断开的,按下时触点闭合接通;当松开后,按钮在复位弹簧的作用下复位断开。

常闭(动断)按钮为停止按钮,与常开按钮相反,未按下时,触点是闭合的,按下时触点断开;当手松开后,按钮在复位弹簧的作用下复位闭合。

复合按钮是将常开与常闭按钮组合为一体的按钮开关。未按下时,常闭触点是闭合的,常开触点是断开的;按下时常闭触点首先断开,继而常开触点闭合;当松开后,按钮在复位弹簧的作用下,首先将常开触点断开,继而将常闭触点闭合。复合按钮在控制电路中常用于电气联锁。

控制按钮的结构形式很多。紧急式按钮装有突出的蘑菇形钮帽,用于紧急操作;旋钮式开关用于旋转操作;钥匙式按钮开关须插入钥匙方能操作,用于防止误动作;指示灯式按钮开关是在透明的按钮帽内装有信号灯,用于信号指示。

为了明示按钮开关的作用,避免误操作,按钮帽通常采用不同的颜色以示区别,主要有红、绿、黑、蓝、黄、白等颜色。一般停止按钮采用红色,起动按钮采用绿色。

2. 按钮的常用型号和图形符号

常用的控制按钮型号有 LA18、LA19、LA20、LA25 和 LAY3 等系列。其中 LA25 系列为全国统一设计的按钮新型号,其采用组合式结构,可根据需要任意组合触点数目。LAY3 系列是引进德国技术标准生产的产品,其规格品种齐全,有紧急式、钥匙式、旋转式等。

按钮开关的型号及含义如图 2—14 所示,按钮的文字符号是 SB,图形符号如图 2—15 所示。

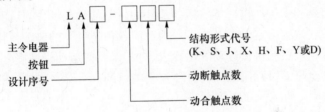

图 2—14 按钮开关的型号
K—开启式;S—防水式;J—紧急式;X—旋钮式;
H—保护式;F—防腐式;Y—钥匙式;D—带灯式。

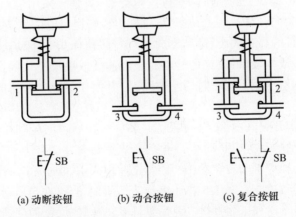

(a) 动断按钮　　(b) 动合按钮　　(c) 复合按钮

图 2—15 各种按钮结构示意图与图形符号

37

3. 控制按钮的主要技术参数与选用

按钮的主要技术参数有结构形式、触点对数、触点电流容量、安装孔尺寸和颜色等。

按钮选择时依据用途和使用选择合适的形式和种类,根据控制电路的需要选择所需的触点对数、颜色以及是否带指示灯。其额定电压交流500V,直流400V,额定电流5A。

按钮使用时应注意触点间的清洁,防止油污、杂质进入造成短路或接触不良等事故,在高温下使用的按钮开关应加紧固垫圈或在接线柱螺钉处加绝缘套管。带指示灯的按钮开关不宜长时间通电,应设法降低指示灯电压以延长其使用寿命。

(二) 行程开关

行程开关又称限位开关或位置开关,是一种利用生产机械某些运动部件的撞击来发出控制信号的小电流主令电器。与控制按钮相似,行程开关对控制电路发出接通或断开、信号转换等指令。不同的是行程开关触点的动作不是靠手动来完成,而是利用生产机械某些运动部件的碰撞使触点动作,从而接通或断开某些控制电路,达到一定的控制要求。为适应各种条件下的碰撞,行程开关有多种结构形式,用来限制机械运动的位置或行程,以及使运动机械按一定行程自动停车、反转或变速、循环等,以实现自动控制的目的。

1. 行程开关的结构和工作原理

行程开关的种类很多,按头部结构可分为直动式、滚轮式、杠杆式等;按动作方式分为瞬动型和蠕动型。

直动式行程开关主要由操作机构、触点系统和外壳等部分组成,如图2-16所示。直动式行程开关的动作原理与按钮类似,只是它采用运动部件上的撞块来碰撞行程开关的推杆使触点动作,将机械信号转换为电信号,通过控制其他电器控制运动部件的行程大小、运动方向或进行限位保护。直动式行程开关的优点是结构简单、成本较低;缺点是触点的分合速度取决于撞块的运动速度,若撞块运动太慢,则触点就不能瞬时切断电路,使电弧在触点上停留的时间过长,易于烧蚀触点。

滚轮式行程开关其内部结构如图2-17所示,通过滚轮和杠杆推动类似于微动开关的瞬动触点机构而动作。当滚轮1受到向左的外力作用时,上转臂2向左下方转动,推杆4向右转动,并压缩右边弹簧8,同时下面的滚珠5也很快沿着擒纵杆6向右转动,滚珠5将压缩弹簧7压缩,当滚珠5运动至擒纵杆6的中点时,盘形弹簧3和压缩弹簧7使擒纵杆6迅速转动,从而使动触点迅速地与右边的静触点分断,并与左边的静触点闭合。

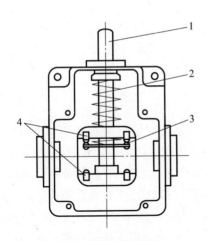 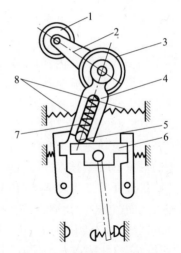

图 2-16　直动式行程开关
1—推杆；2—复位弹簧；
3—动触点；4—静触点。

图 2-17　滚轮式行程开关
1—滚轮；2—上转臂；3—盘形弹簧；
4—推杆；5—滚珠；6—擒纵杆；
7—压缩弹簧；8—弹簧。

2. 行程开关的电气符号

行程开关的文字符号为 ST，图形符号如图 2-18 所示，主要用于机床及其他生产机械，有 LX19、LXW5、LXK3、LX31、JLXK1、3SE3 等系列。

(a) 动合触点　　(b) 动断触点　　(c) 复合触点

图 2-18　行程开关的图形符号

（三）接近开关

前面介绍的低压电器为有触点的电器，接近开关是随着半导体元器件的发展而产生的一种非接触式的物体检测装置，其实质上是一种无触点的行程开关。

接近开关的用途除行程控制和限位保护外，还可用于检测金属体的存在、高频计数、测速、定位、变换运动方向、检测零件尺寸、液面控制及用作无触点按钮等。接近开关具有重复定位精度高、操作频率高、无机械磨损、工作稳定可靠、能适用于恶劣工作环境等优点，所以在航空航天、工业生产方面得到广泛应用。

1. 接近开关的分类

接近开关按其工作原理分，有涡流式、电容式、光电式、霍尔效应式、超声波式等。

涡流式接近开关也称电感式接近开关。它是利用导电物体在接近这个能产生电磁场的接近开关时,使物体内部产生涡流。这个涡流反作用到接近开关,使开关内部电路参数发生变化,由此识别出有无导电物体移近,进而控制开关的通或断。这种接近开关所能检测的物体必须是导电体。

电容式接近开关是当有物体移向接近开关时,不论它是否为导体,由于它的接近,总要使电容的介电常数发生变化,从而使电容量发生变化,使得和测量头相连的电路状态也随之发生变化,由此便可控制开关的接通或断开。这种接近开关检测的对象不限于导体,可以是绝缘的液体或粉状物等。

光电式接近开关是将发光器件与光电器件按一定方向装在同一个检测头内。当有反光面(被检测物体)接近时,光电器件接收到反射光后便产生信号输出,由此便可"感知"有物体接近。它具有体积小、寿命长、功能多、功耗低、精度高、响应速度快、检测距离长和抗电磁干扰等优点。光电式接近开关广泛应用于各种生产设备中,可进行物体检测、液位检测、行程控制、计数、速度检测、产品外形尺寸检测、色斑与标识识别、人体接近开关和防盗警戒等。

霍尔效应式接近开关是当磁性物体移近霍尔开关时,开关检测面上的霍尔元件因产生霍尔效应而使开关内部电路状态发生变化,由此识别附近有磁性物体存在,进而控制开关的通或断。这种接近开关的检测对象必须是磁性物体。

2. 接近开关的电气符号

接近开关的文字符号为 SP,图形符号如图 2 – 19 所示。

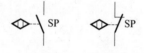

(a) 动合触点　　(b) 动断触点

图 2 – 19　接近开关的图形符号

四、接触器

接触器是一种适用于远距离频繁地接通和分断交直流主电路和控制电路的自动控制电器。其主要控制对象是电动机,也可用于其他电力负载,如电热器、电焊机等。接触器具有欠压保护、零压保护、控制容量大、工作可靠、寿命长等优点,它是自动控制系统中应用最多的一种电器。

接触器种类繁多,按操作方式可分为电磁接触器、气动接触器和电磁气动接触器;按灭弧介质可分为空气电磁式接触器、油浸式接触器和真空接触器;按电磁机构的励磁方式可分为直流励磁操作与交流励磁操作;按主触点控制的电流性质可分为交流接触器、直流接触器。电磁式接触器应用最广,本书主要介绍电磁式接触器。

(一)交流接触器的结构和工作原理

1. 交流接触器的结构

交流接触器由电磁机构、触点系统、灭弧系统、释放弹簧及基座等几部分构成,如图2-20所示。

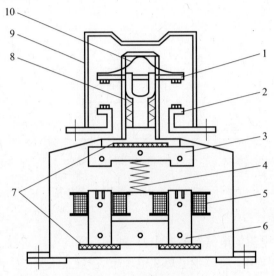

图2-20 交流接触器结构
1—动触点;2—静触点;3—衔铁;4—缓冲弹簧;5—电磁线圈;
6—铁芯;7—垫毡;8—触点弹簧;9—灭弧罩;10—触点压力弹簧。

1)电磁机构

电磁机构由吸引线圈、铁芯及衔铁组成。它的作用是将电磁能转换成机械能,带动触点使之接通或断开。铁芯一般由硅钢片叠压后铆接而成,以减少涡流与磁滞损耗,防止过热,其形状有E形和U形两种。线圈绕在骨架上做成扁而厚的形状,与铁芯隔离,利于散热。

2)触点系统

触点系统由主触点和辅助触点组成。主触点接在控制对象的主回路中(常常串联在低压断路器之后)控制其通断,辅助触点一般容量较小,用来切换控制电路。每对触点均由静触点和动触点共同组成,动触点与电磁机构的衔铁相连,当接触器的电磁线圈得电时,衔铁带动动触点动作,使接触器的常开触点闭合,常闭触点断开。

触点是一切有触点电器的执行部分,它在衔铁的带动下起接通和分断电路的作用。因此要求触点导电导热性能良好,所以触点材料通常采用铜和银,对于小电流电器银质触点更好。触点接触形式有点接触、面接触、线接触三种,如图2-21所示。接触面越大则通电电流越大。点接触的桥式触点主要适用于电流不大且压力较小的场合,如接触器的辅助触点或继电器的触点。面接触多为桥式触点,允许通过较大电流,这种接触器在接触表面镶上合金,提高了其耐磨性和减小了接触电阻,多用于大容量、大电流场合,如接触器的主触点。交流接触器的触点一般由银钨合金制成,具有良好的导电性和耐高温性。

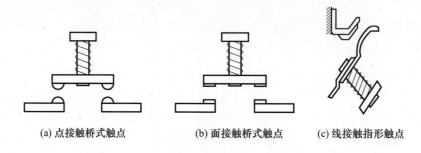

(a) 点接触桥式触点　　　(b) 面接触桥式触点　　　(c) 线接触指形触点

图2-21　常见的触点结构

3) 灭弧系统

当一个较大电流的电路突然断电时,如触点间的电压超过一定数值,触点间空气在强电场的作用下会产生电离放电现象,在触点间隙产生大量带电粒子,形成炽热的电子流,称为电弧。电弧伴随高温、高热和强光,可能造成电路不能正常切断、烧毁触点、引起火灾等事故,因此对切换较大电流的触点系统必须采取灭弧措施。

常用的灭弧装置有灭弧罩、灭弧栅和磁吹灭弧装置,主要用于熄灭触点在分断电流的瞬间动静触点间产生的电弧,以防止电弧的高温烧坏触点或出现其他事故。

一般10A以下的交流接触器常采用半封闭式陶土灭弧罩或相间隔弧板灭弧;10A以上的交流接触器采用纵缝灭弧罩和栅片灭弧。

2. 交流接触器的工作原理

当电磁线圈通电后,线圈电流在铁芯被磁化产生磁通,该磁通在衔铁气隙处产生电磁力将衔铁吸合,主触点在衔铁的带动下闭合,接通主电路。同时衔铁还带动辅助触点动作,动断辅助触点首先断开,接着动合辅助触点闭合。当线圈断电或外加电压显著降低时,铁芯中的磁通下降,电磁力减小,衔铁在复位弹簧的作用下复位,使主触点和辅助触点又恢复到原来的状态,常开触点断开,常闭触点闭合。

（二）直流接触器的结构和工作原理

直流接触器工作原理与交流接触器基本相同,在结构上也由电磁机构、主触点、辅助触点、灭弧装置等组成,但在铁芯结构、线圈形状、触点形状和数量、灭弧方式等方面有所不同。电磁机构多采用绕棱角转动的合拍式结构,其主触点大都采用线接触的指形触点,辅助触点则采用点接触桥式触点。铁芯用整块铸铁或铸钢制成,通常将线圈制成长而薄的圆筒状。直流接触器常采用磁吹灭弧装置。

（三）接触器的常用型号及电气符号

目前,我国常用的交流接触器主要有 CJ20、CJ40、CJX1、CJX2、CJ12 等系列,引进德国 BBC 公司制造技术生产的 B 系列,德国 SIEMENS 公司的 3TB 系列等。常用的直流接触器主要有 CZ0、CZ5、CZ17、CZ18、CZ21、CZ22 等系列产品。接触器的型号含义如图 2-22 所示。

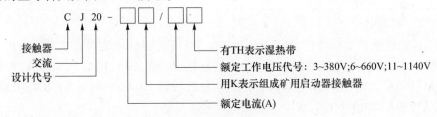

图 2-22　CJ20 系列交流接触器型号

接触器的文字符号为 KM,图形符号如图 2-23 所示。

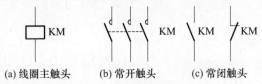

图 2-23　接触器的图形符号

（四）接触器的主要技术参数及选用

1. 接触器的主要技术参数

接触器的主要技术参数有额定电压、额定电流、操作频率、接通与分断能力、电气与机械寿命等。直流接触器技术参数如表 2-1 所列,交流接触器技术参数如表 2-2 所列。

1）额定电压

接触器铭牌上标注的额定电压是指主触点的额定工作电压,其电压等级如下：交流接触器：36V、127V、220V、380V、500V、660V(特殊场合可高达 1140V)；直流接触器：24V、48V、110V、220V、440V。

表 2-1 CZ18 系列直流接触器主要技术参数

额定工作电压/V		440				
额定工作电流/A		40(20、10、5)	80	160	315	630
主触点通断能力		$1.1U_N, 4U_N, T=15ms$				
额定操作频率/(次/h)		1200		600		
电气寿命/万次		50				30
机械寿命/万次		500				300
辅助触点	组合情况	二动合二动断				
	额定发热电流	6		10		
	电气寿命/万次	50				30
吸合电压		$(85\% \sim 110\%)U_N$				
释放电压		$(10\% \sim 75\%)U_N$				

2) 额定电流

接触器铭牌上标注的额定电流是指在正常工作条件下主触点中允许通过的长期工作电流,其电流等级如下:交流接触器:6.3A、10A、16A、25A、40A、60A、100A、160A、250A、400A、630A、800A;直流接触器:10A、25A、40A、60A、100A、150A、250A、400A、600A。

3) 线圈的额定电压

一般交流负载采用交流接触器,直流负载采用直流接触器。接触器线圈的常用电压等级如下:交流接触器:36V、127V、220V、380V;直流接触器:24V、48V、110V、220V、440V。

4) 额定操作频率

额定操作频率是指接触器每小时允许的接通次数,一般为 300 次/h、600 次/h 和 1200 次/h。

5) 接通与分断能力

接通与分断能力是指接触器的主触点在规定的条件下能可靠地接通和分断的电流值,而不应该发生熔焊、飞弧和过分磨损等。

6) 机械寿命和电气寿命

接触器是频繁操作电器,应有较长的机械寿命和电气寿命。目前接触器的机械寿命一般为数百万次乃至 1000 万次;电气寿命是机械寿命的 5%~20%。

接触器的使用类别是根据其不同的控制对象和所需的控制方式决定的。交流接触器的类别有 AC-1、AC-2、AC-3、AC-4 几种,分别应用于无感或微感负载、电阻炉、绕线型电动机的起动、分断,笼型电动机的起动、分断,笼型电动机

表 2-2 CJ20 系列交流接触器主要技术参数

型号	额定电压 /V	额定电流 /A	可控制电动机最大功率 /kW	$1.1U_N$ 及 $\cos\phi=0.35\pm0.05$ 时的接通能力/A	$1.1U_N$ 及 $f\pm10\%$ 和 $\gamma\pm0.05$ 时的分断能力/A	操作频率 /(次/h) AC-3	操作频率 /(次/h) AC-4	电气寿命 /万次 AC-3	电气寿命 /万次 AC-4	机械寿命 /万次	吸引线圈 额定电压/V	吸引线圈 吸合电压	吸引线圈 释放电压	吸引线圈 起动功率 /(V·A/W)	吸引线圈 吸持功率 /(V·A/W)
CJ20-40	380	40	22	40×12	40×10	1200	300	100	5	1000	36、127、220、380	(0.85~1.1)U_N	0.75U_N	175/82.3	19/5.7
CJ20-40	660	25	22	25×12	25×10	600	120								
CJ20-63	380	63	30	63×12	63×10	1200	300	200 (120)	8	1000 (600)		(0.8~1.1)U_N	0.7U_N	480/153	57/16.5
CJ20-63	660	40	35	40×12	40×10	600	120								
CJ20-160	380	160	85	160×12	160×10	1200	300							855/325	85.5/34
CJ20-160	660	100	85	100×12	100×10	600	120		1.5						
CJ20-160/11	1140	80	85	80×12	80×10	300	60								
CJ20-250	380	250	132	250×10	250×8	600	120	120 (60)	1	600 (300)	127、220、380	(0.85~1.1)U_N	0.75U_N	1710/565	152/65
CJ20-250/06	660	200	190	200×10	200×8	300	60								
CJ20-630	380	630	300	630×10	630×8	600	120		0.5					3578/790	250/118
CJ20-630	660	400	350	400×10	400×8	300	60								
CJ20-630/11	1140	400	400	400×10	400×8	120	300								

的起动、反接制动、反向和点动。直流接触器有 DC-1、DC-3、DC-5 几种,分别应用于无感或微感负载、电阻炉,并励电动机的起动、反接制动、反向和点动,串励电动机的起动、反接制动、反向和点动。

根据接触器的使用类别,对接触器主触头的接通和分断能力的要求也不一样。

2. 接触器的选用

(1)根据负载性质确定使用类别,再按照使用类别选择相应系列的接触器。

(2)根据负载额定电压确定接触器的电压等级。接触器主触点的额定电压应不小于负载的额定电压。

(3)根据负载工作电流确定接触器的额定电流。对于电动机负载,应按照接触器使用类别选择额定电流。如:用于笼型电动机的起动、分断时,按电动机的满载电流选择相应额定工作电流的接触器;而用于绕线型电动机的起动、分断,笼型电动机的起动、反接制动、反向和点动时,则采用控制容量的方法提高电气寿命。对于非电动机负载(如电阻炉、电焊机、照明设备等),应考虑使用时可能出现的过电流情况。

(4)交流接触器吸合线圈的额定电压一般直接选用220V 或380V。如果控制线路比较复杂,为安全起见,线圈的额定电压可选低一些(如 127V、36V 等)。直流接触器线圈的额定电压一般应与其所控制的直流电路的电压一致。

(5)根据操作次数校验接触器所允许的操作频率(每小时触点通断次数),当通断电流较大且通断频率超过规定数值时,应选用额定电流大一级的接触器型号;否则会使触点严重发热,甚至熔焊在一起,造成电动机等负载缺相运行。

五、继电器

继电器是一种根据某种输入信号的变化接通或分断控制电路,实现自动控制和保护的电器。继电器的输入信号可以是电流、电压等电量,也可以是温度、速度、时间、压力等非电量,而输出通常是触点的接通或断开。继电器一般不直接控制有较大电流的主电路,而是通过控制接触器或其他电器对主电路进行间接控制。因此,同接触器相比较,继电器的触点断流容量较小,一般不需灭弧装置,但对继电器动作的准确性则要求较高。

继电器的种类很多,分类方法也很多。按用途可分为控制继电器、保护继电器、中间继电器;按动作时间可分为瞬时继电器、延时继电器;按输入信号的性质可分为电压继电器、电流继电器、时间继电器、温度继电器、速度继电器、压力继电器等;按工作原理可分为电磁式继电器、感应式继电器、电动式继电器、热继电器和电子式继电器等;按输出形式可分为有触点继电器、无触点继电器。在电力拖动系统中,电磁式继电器是应用最早同时也是应用最广泛的一种继电器。

（一）电磁式继电器

1. 电磁式继电器的结构和工作原理

电磁式继电器是应用得最早、最多的一种继电器,其结构和工作原理与电磁式接触器基本相同。由铁芯、衔铁、电磁线圈、复位弹簧、触点等组成,如图2-24所示。其具有体积小、动作灵敏、触点的种类和数量较多等特点。

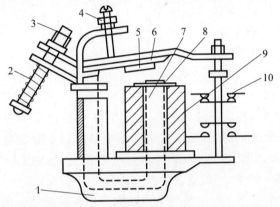

图 2-24　电磁式继电器结构示意图
1—底座；2—反作用力弹簧；3、4—调节螺钉；5—非磁性垫片；
6—衔铁；7—铁芯；8—极靴；9—线圈；10—触点系统。

电磁式继电器工作中铁芯用于加强工作气隙内的磁场;衔铁主要是实现电磁能与机械能的转化;极靴用于增大工作气隙的磁导;反作用力弹簧用来提供反作用力。当线圈通电后,线圈的励磁电流就产生磁场,从而产生电磁吸力吸引衔铁。一旦磁力大于弹簧反作用力,衔铁就开始运动,并带动与之相连的触点向下移动,使动触点与上面的动断静触点分断,而与下面的动合静触点吸合。最后,衔铁被吸合在与极靴相接触的最终位置上。若在衔铁处于最终位置时切断线圈电源,磁场便逐渐消失,衔铁会在弹簧反作用力的作用下脱离极靴,并再次带动触点脱离动合静触点,返回到初始位置。电磁式继电器的种类很多,如电压继电器、电流继电器、中间继电器、电磁式时间继电器等。

1）电磁式电压继电器

电磁式电压继电器的动作与线圈所加电压大小有关,使用时与被测电路并联。电压继电器的线圈匝数多、导线细、阻抗大。电压继电器又分过电压继电器、欠电压继电器和零电压继电器。

（1）过电压继电器。在电路中用于过电压保护,当其线圈为额定电压值时,衔铁不产生吸合动作,只有当电压为额定电压105%～115%时才产生吸合动作,当电压降低到释放电压时,触点复位。

(2)欠电压继电器。在电路中用于欠电压保护,当其线圈在额定电压下工作时,欠电压继电器的衔铁处于吸合状态。如果电路出现电压降低,并且低于欠电压继电器线圈的释放电压时,其衔铁打开,触点复位,从而控制接触器及时切断电气设备的电源。

(3)零电压继电器。零电压继电器主要作用是零压保护,当电压降低至额定电压的5%~25%时,继电器才动作。

2)电磁式电流继电器

电磁式电流继电器的动作与线圈通过的电流大小有关,使用时与被测电路串联。电流继电器的线圈匝数少、导线粗、阻抗小。电流继电器又分欠电流继电器和过电流继电器。

(1)欠电流继电器。正常工作时,欠电流继电器的衔铁处于吸合状态。如果电路中负载电流过低,并且低于欠电流继电器线圈的释放电流时,其衔铁打开,触点复位,从而切断电气设备的电源。通常,欠电流继电器的吸合电流为额定电流值的30%~65%,释放电流为额定电流值的10%~20%。

(2)过电流继电器。过电流继电器线圈工作在额定电流值时,衔铁不产生吸合动作,只有当负载电流超过一定值时才产生吸合动作。过电流继电器常用于电力拖动控制系统中起保护作用。通常,交流过电流继电器的吸合电流整定范围为额定电流的110%~400%,直流过电流继电器的吸合电流整定范围为额定值的70%~300%。

(3)中间继电器。中间继电器实质上是一种电压继电器,其触点数量多,触点容量大(额定电流5~10A),且动作灵敏。其主要用途:当其他继电器的触点数量和容量不够时,可借助中间继电器来扩大触点的数量和容量,起到中间转换的作用。中间继电器也有交流和直流之分,分别用于交流控制电路和直流控制电路。

2. 电磁式继电器的常用型号和电气符号

常用的交直流过电流继电器有 JL14、JL15、JL18 等系列,其中 JL18 正在逐渐取代 JL14 和 JL15 系列;交流过电流继电器常用的有 JT14、JT17 等系列;直流电磁式电流继电器常用的有 JT13、JT18 等系列;电磁式中间继电器常用的有 JDZ1、JZ15、JZ18 等系列。电磁式中间继电器的型号和含义如图 2-25 所示,继电器图形符号如图 2-26 所示。

3. 电磁式继电器的主要技术参数

电磁式继电器的主要技术参数有额定电流、额定电压、吸合和释放电压、吸合和释放电流、吸合和释放时间等。具体参考表 2-3 所列 JZ15 系列中间继电器技术参数。

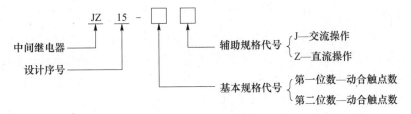

图 2-25　电磁式中间继电器的型号及含义

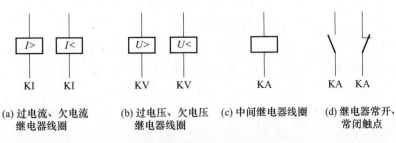

图 2-26　电磁式继电器的图形符号

（1）额定电压和额定电流。对于电压继电器，线圈的额定电压为继电器的额定电压；对于电流继电器，线圈的额定电流为继电器的额定电流。

（2）吸合电压和释放电压、吸合电流和释放电流。对于电压继电器，使衔铁开始运动时线圈的电压称为吸合电压，使衔铁开始释放时线圈的电压称为释放电压；对于电流继电器，使衔铁开始运动时线圈的电流称为吸合电流，使衔铁开始释放时线圈的电流称为释放电流。

（3）吸合时间和释放时间。吸合时间是从线圈接收电信号到衔铁完全吸合所需要的时间，释放时间是从线圈失电到衔铁完全释放所需要的时间。一般继电器的吸合与返回时间为 0.05~0.15s，快速继电器为 0.005~0.05s，该值的大小影响着继电器的操作频率。

表 2-3　JZ15 系列中间继电器的技术数据

型号	触点额定电压 U_N/V 交流	触点额定电压 U_N/V 直流	约定发热电流 I/A	触点组合形式 动合	触点组合形式 动断	触点额定控制容量 交流 S_N/(V·A)	触点额定控制容量 直流 P/W	额定操作频率/(次/h)	吸引线圈额定电压 U_N/V 交流	吸引线圈额定电压 U_N/V 直流	线圈吸持功率 交流 S_N/(V·A)	线圈吸持功率 直流 P/W	动作时间/s
JZ15-62	127	48	10	6	2	100	90	1200	127	48	12	11	≤0.05
JZ15-26	220	110	10	2	6	100	90	1200	220	110	12	11	≤0.05
JZ15-44	380	220	10	4	4	100	90	1200	380	220	12	11	≤0.05

4. 电磁式继电器的选用

电磁式继电器选用时主要根据保护或控制对象的要求,触点的数量、种类、返回系统及控制电路的情况,综合考虑继电器的功能特点、使用条件、额定工作电压和额定工作电流等因素,合理选择,从而保证控制系统正常工作。

(1) 继电器线圈电压或电流应满足控制电路的要求。

(2) 按用途区别选择欠电压继电器、过电压继电器、欠电流继电器、过电流继电器及中间继电器等。

(3) 按电流类别选用交流继电器和直流继电器。

(4) 根据控制电路的要求选择触点的数量和类型(常开或常闭)。

电磁继电器在运行前须将其吸合值和释放值调整到控制系统所要求的范围内。

(二) 时间继电器

时间继电器是一种在感应元件获得信号后,执行元件(触头)要经过一段预先设定的延时后才输出信号的控制电器,根据电磁原理或机械动作原理,实现触点延时接通或断开。

时间继电器在控制系统中用来控制动作时间,有两种延时方式:通电延时和断电延时。通电延时是指从继电器线圈得电开始,延时一定时间后触点闭合或分断,当线圈断电时,触点立即恢复到初始状态。断电延时是指当继电器线圈得电时,触点立即闭合或分断,从线圈断电开始,延时一定时间后触点恢复到初始状态。

1. 时间继电器的结构和工作原理

时间继电器的种类很多,按其动作原理与构造的不同可分为电磁式、空气阻尼式、电动式和电子式时间继电器。

1) 空气阻尼式时间继电器

空气阻尼式时间继电器又称气囊式时间继电器,它是利用空气通过小孔时产生阻尼的原理获得延时的。它主要由电磁系统、延时机构和工作触点组成,如图2-27所示为JS7-A型空气阻尼式时间继电器,只要改变电磁机构的安装方向便可实现不同的延时方式。当衔铁位于铁芯和延时机构之间时为通电延时型,如图2-27(a)所示;当铁芯位于衔铁和延时机构之间时为断电延时型,如图2-27(b)所示。

如图2-27(a)所示为通电延时型时间继电器工作原理:当线圈1通电后,铁芯2将衔铁3吸合向上运动(推板5使微动开关16立即动作),活塞杆6在塔形弹簧8的作用下,带动活塞12及橡皮膜10向上移动,由于橡皮膜下方气室空气稀薄,形成负压,因此活塞杆6不能迅速上移。当空气由进气孔14进入时,活

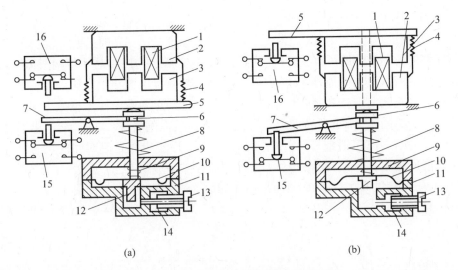

图 2-27 JS7-A 型时间继电器结构示意图

1—线圈；2—铁芯；3—衔铁；4—复位弹簧；5—推板；6—活塞杆；7—杠杆；8—塔形弹簧；
9—弱弹簧；10—橡皮膜；11—空气室腔；12—活塞；13—调节螺钉；
14—进气孔；15,16—微动开关。

塞杆才逐渐上移。移到最上端时，杠杆 7 才使微动开关 15 动作。延时时间即为从电磁铁吸引线圈通电时刻起到微动开关动作这段时间。延时长短可以通过进气调节螺钉 13 调节进气孔的大小来改变。当线圈 1 断电时，衔铁 3 在复位弹簧 4 的作用下将活塞推到最下端。因活塞被往下推时，橡皮膜下方气室内的空气都通过橡皮膜 10、弱弹簧 9 和活塞 12 肩部所形成的单向阀，经上气室缝隙顺利排出，因此延时微动开关 15 与不延时微动开关 16 都迅速复位。图 2-27(b) 断电延时型继电器工作原理与之相似，微动开关 15 在线圈断电后延时动作。

空气阻尼式时间继电器电磁线圈通电后，瞬时触点机构的触点状态立即改变，而延时触点机构经过一段延时后，触点的状态才会改变。

空气阻尼式时间继电器结构简单，价格低廉，电磁干扰小，延时范围较宽(0.4~180s)，寿命长；但精度低，延时误差大(±20%)，因此在要求延时精度高的场合不宜采用。

2) 电动式时间继电器

电动式时间继电器是由微型同步电动机拖动减速齿轮获得延时。其延时范围宽，延时整定偏差和重复偏差小，延时值不受电源电压波动及环境温度变化的影响；但结构复杂、价格高、寿命短，不宜频繁操作，延时误差受电源频率影响。

3) 电子式时间继电器

电子式时间继电器采用晶体管或大规模集成电路和电子元器件构成。按延时原理可分为阻容式和数字式,按延时方式分为通电延时型和断电延时型。阻容式时间继电器是利用 RC 电路电容器充放电原理来达到延时目的,改变 RC 充电回路的时间常数即可改变延时时间。图 2-28 所示为用单晶体管构成 RC 充放电式时间继电器的原理。电源接通后,经二极管 VD_1 整流、C_1 滤波及稳压管稳压后的直流电压经 R_{P1} 和 R_2 向 C_3 充电,电容器 C_3 两端电压按指数上升。此电压大于单晶体管 VT 的峰点电压时,输出脉冲使晶闸管 VT 导通,继电器线圈得电,触点动作,接通或分断外电路。它主要适用于中等延时时间的场合。数字式时间继电器采用计算机延时电路,由脉冲频率决定延时长短。它不但延时长,而且精度高,延时方法灵活;但线路复杂,价格较贵,主要用于长时间延时场合。

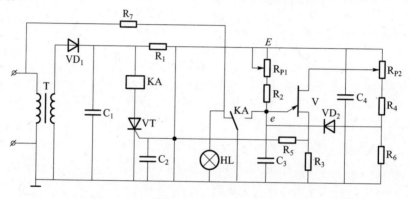

图 2-28 单结晶体管时间继电器电路原理

电子式时间继电器具有延时准确度高、延时范围大、体积小、延时调节方便、性能稳定、延时误差小、寿命长、触点容量较大等优点。

以上所述各种时间继电器各有优缺点,见表 2-4 对几种常见的时间继电器的比较,在选择时间继电器时可作为重要参考。

表 2-4 几种时间继电器的比较

形式	型号	线圈电流	延时原理	延时范围	延时精度	其他特点
空气阻尼式	JS7-A JS23	交流	空气阻尼作用	0.4~180s	一般 ±(8%~15%)	结构简单、价格低,适用于延时精度要求不高的场合
电动式	JS10 JS11	交流	机械延时原理	0.5s~72h	准确 ±1%	结构复杂、价格高,适用于准确延时场合
电子式	JSJ JS20	直流	电容充放电	0.1s~1h	准确 ±3%	耐用、价格高、抗干扰性差、修理不便

2. 时间继电器的常用型号和电气符号

目前常用的空气阻尼式时间继电器有 JS7 - A 系列和 JS23 系列,常用的电动式时间继电器有 JS11 系列,常用的电子式时间继电器有 JS20 系列。时间继电器的常用型号如图 2 - 29、图 2 - 30 所示,图形符号如图 2 - 31 所示。

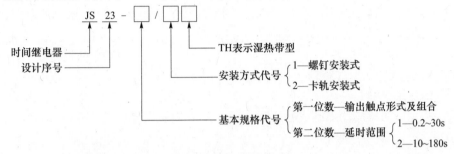

图 2 - 29　空气阻尼式时间继电器的常用型号及含义

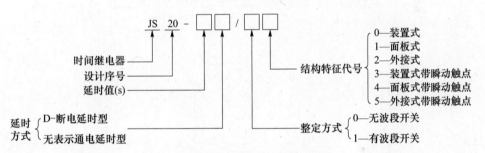

图 2 - 30　时间继电器的常用型号及含义

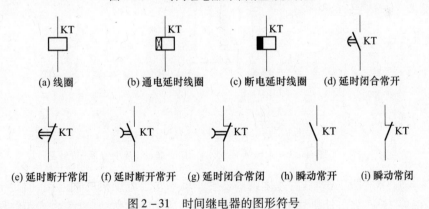

图 2 - 31　时间继电器的图形符号

3. 时间继电器的选用

(1) 根据控制电路对延时触点的要求选择延时方式,即通电延时型或断电延时型;

(2) 根据延时范围和延时精度要求选用合适的时间继电器;

(3) 根据工作条件选择时间继电器的类型。如环境温度变化大的场合不宜选用空气阻尼式和电子式时间继电器,电源频率不稳定的场合不宜选用电动式时间继电器,电源电压波动大的场合可选用空气阻尼式或电动式时间继电器。

延时继电器在选用时除了考虑延时范围、延时精度等条件外,还要考虑控制系统对可靠性、经济性、工艺安装尺寸等的要求。

(三) 速度继电器

1. 速度继电器的结构和工作原理

速度继电器是一种反映转速和转向,当转速达到规定值时动作的继电器。它是根据电磁感应原理制成的,常用于电动机的反接制动控制线路,所以也称反接制动继电器。

速度继电器主要由转子、定子和触头三部分组成,转子是一个圆柱形永久磁铁,定子是一个笼型空心圆环,由硅钢片叠成,并装有笼型绕组。图 2-32 为速度继电器的结构示意图。

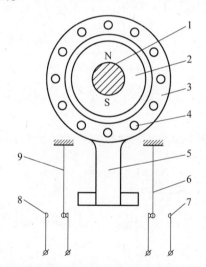

图 2-32　速度继电器的结构示意图
1—主轴;2—转子;3—定子;4—绕组;5—摆锤;6,9—簧片;7,8—静触点。

速度继电器工作原理:速度继电器转子轴与被控电动机的轴连接,而定子空套在转子上。当电动机转动时,速度继电器的转子随之转动,定子内的短路导体便切割磁场,产生感应电动势,从而产生电流,此电流与旋转的转子磁场作用产生转矩,于是定子开始转动,当转到一定角度时,装在定子轴上的摆锤推动簧片动作,使常闭触头分断,常开触头闭合。当电动机转速低于某一值时,定子产生的转矩减小,触头在弹簧作用下复位。一般速度继电器的工作转速为120r/min,触点的复位速度为100r/min 以下;转速在3000～3600r/min 以下能可靠工作,允许操作频率为每小时不超过30次。

2. 速度继电器的常用型号及电气符号

目前常用的速度继电器有JY1 型和JFZ0 型两种。JY1 型在3000r/min 以下能可靠工作,JFZ0 - 1 型适用于300～1000r/min,JFZ0 - 2 型能适用于1000～3000r/min。速度继电器主要根据电动机的额定转速来选择。使用时速度继电器的转轴与电动机同轴连接,正反向触点不能接错,否则不能起到反接制动时接通和分断反向电源的作用。

速度继电器一般具有两对动合、动断触点,触点额定电压380V,额定电流2A。其文字和图形符号如图2 - 33 所示。

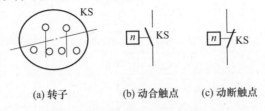

(a) 转子　　(b) 动合触点　　(c) 动断触点

图2 - 33　速度继电器的图形符号

继电器的种类很多,除了前面介绍的几种继电器外,还有固态继电器、温度继电器、压力继电器等。

固态继电器(SSR)是近年发展起来的一种新型电子继电器,具有开关速度快、工作频率高、质量轻、使用寿命长、噪声低和动作可靠等一系列优点,不仅在许多自动化装置中代替了常规电磁式继电器,而且广泛应用于数字程控装置、调温装置、数据处理系统及计算机I/O 接口电路。

在温度自动控制或报警装置中,常采用带电触点的汞温度计或热敏电阻、热电偶等制成的各种形式的温度继电器。

压力继电器是利用液体压力信号控制电器触点的启闭的液压电气转换元件,主要用于对液体或气体压力进行检测并发出开关量信号,以控制电磁阀、液压泵等设备对压力的高低进行控制。

技能训练五　低压控制电器的认识与安装实训

一、实训内容

(1) 刀开关的认识与安装;

(2) 控制按钮的认识与安装;

(3) 转换开关的认识与安装;

(4) 接触器的认识、安装与测试。

二、实训器材、工具

常用的实训器材、工具如表2-5所列。

表2-5 控制电器安装实训器材、工具

序号	名称	型号与规格	单位	数量/套	备注
1	带单相、三相交流电源工位	自定	台	1	
2	网孔板	600mm×500mm	块	1	
3	带帽自攻螺丝	M3×8	个	100	
4	U形导轨	标准导轨	m	2	
5	PVC配线槽	25×25	根	2	
6	软铜导线	BRV-1.5,BRV-0.75	m	若干	
7	万用表	自定	块	1	
8	手锯弓、锯条		套	1	
9	交流接触器	CJ10-10	个	1	
10	转换开关		个	若干	
11	刀开关		个	1	
12	按钮	LA42	个	2	
13	自耦变压器		个	1	
14	电工通用工具	验电笔、螺丝刀(包括十字口螺丝刀、一字口螺丝刀)、电工刀、尖嘴钳、斜尖嘴钳、剥线钳等	套	1	

三、实训步骤及要求

1. 各控制电器的认识

(1) 观察各电器外部结构。

(2) 拆装常用电气元件,了解内部结构和工作原理。

① 拆开交流接触器底板,了解其内部组成。

② 拆开转换开关,观察其分度定位机构,熟悉触点通断调节方法。

2. 控制电器安装与调整

(1) 熟悉安装接线电路图(图2-34)。

(2) 各电气元件接线安装。

(3) 用万用表欧姆挡检查线圈及各触头是否良好;用手按住触头检查运动

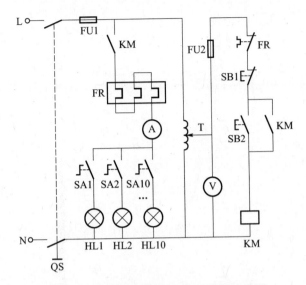

图 2-34 接触器线圈动作电压测试电路图

部分是否灵活,以防接触不良、振动和噪声。

(4)测试接触器线圈动作电压。

① 合上 QS、SA1,调节自耦变压器,使输出电压为 220V,按下起动按钮 SB2,接触器动作,灯亮。

② 多次调节变压器,减小电压值,观察接触器的动作情况,灯是否继续发光,直到灯熄灭为止,记录电压表读数。

③ 再次按下起动按钮 SB2,观察接触器动作情况,此时接触器不动作。

④ 继续按下起动按钮 SB2 不松开,调节变压器使输出电压升高,至接触器动作,灯亮。

(5)触头压力的测量与调整。用纸条凭经验判断触头压力是否合适。将一张厚约 0.1mm、比触头稍宽的纸条夹在接触器触头间,使触头处于闭合位置,用手拉动纸条,若触头压力合适,稍用力纸条即可拉出。若纸条很容易被拉出,即说明触头压力不够。若纸条被拉断,说明触头压力太大,可调整触头弹簧或更换弹簧,直至符合要求。

四、注意事项

(1)各控制电气元件安装在面板上时,应布置整齐,排列合理,如根据电动机起动的先后顺序,从上到下或从左到右排列。

(2)各电器安装应牢固,安装按钮的金属板或金属按钮盒必须可靠接地。

(3)由于按钮的触头间距较小,如有油污等极易发生短路故障,所以应注意保持触头间的清洁。

(4)刀开关安装必须正装。

(5)各电气元件在拆卸过程中,应备有盛放零件的容器,以免丢失零件。

(6)安全文明生产。拆卸过程中不允许硬撬,以免损坏电器。

(7)通电校验时,接触器应固定在控制板上,并有教师监护,以确保用电安全。

(8)通电校验过程中,要均匀、缓慢地改变调压变压器的输出电压,以使测量结果尽量准确。

(9)调整触头压力时,注意不得损坏接触头的主触头。

(10)紧固各元件时,要用力均匀、谨慎,紧固程度适当,以免损坏;接线时,用力不可过猛,以防螺钉打滑。

(11)布线时严禁损伤线芯和导线绝缘,必要时软铜导线线头上锡或连接专用端子(俗称线鼻子)。

(12)所有从一个接线端子到另外一个接线端子的导线必须连续,中间无接头。

(13)导线与接线端子或接线桩连接时,不得压绝缘层,也不能露铜过长。

(14)通电前,必须征得指导教师同意,并由指导教师接通三相电源总开关,并在现场监护。

(15)出现故障后,学生应在指导教师的监护下独立进行检修。

(16)通电测试完毕后先切断电源,然后拆除电源线拆下各元件。

五、成绩评定

低压控制电器安装实训考核及评分标准见表2-6。

表2-6 低压控制电器安装实训考核及评分标准

序号	考核项目	考核要求	评分标准	配分	扣分	得分
1	器件认识	正确写出各元件的名称、型号,指出各部结构	(1)名称型号写错一个扣3分; (2)部件结构错一个扣2分	20		
2	器件拆卸	(1)正确拆开接触器; (2)正确拆开转换开关	拆卸元器件方法错误、不遵守规则一次扣5分	20		
3	器件安装	正确牢固安装各电气元器件	(1)器件安装不牢固每只扣2分; (2)器件安装错误每只扣5分; (3)安装不整齐、不匀称每只扣1分; (4)元件损坏每件扣10分	30		

(续)

序号	考核项目	考核要求	评分标准	配分	扣分	得分
4	器件接线	参考电路图正确接线	(1) 错、漏、多接1根线扣2分; (2) 按钮开关颜色错误扣5分; (3) 配线不美观、不整齐、不合理,每处扣2分	10		
5	通电测试	测试接触器的动作和释放电压	(1) 测试方法不正确一次扣5分; (2) 测试接触器的动作和释放电压每一项不正确扣10分	20		
6	其他	安全文明生产	违反安全文明生产每处扣5分,扣完为止(从总分中扣)			

任务二 低压保护电器

低压保护电器通常用于电路与电气设备的安全保护,主要有熔断器、热继电器、漏电保护开关等。

一、熔断器

熔断器是一种结构简单、使用维护方便、体积小、价格便宜的保护电器,广泛用于照明电路中的过载和短路保护及电动机电路中的短路保护。

1. 熔断器的结构和工作原理

熔断器由熔体(熔丝或熔片)和安装熔体的外壳组成,其中熔体是控制熔断特性的关键元件。熔体的材料、尺寸和形状决定了熔断特性。熔体材料分为低熔点和高熔点两类。低熔点材料如铅和铅合金,其熔点低容易熔断,由于其电阻率较大,故制成熔体的截面尺寸较大,熔断时产生的金属蒸气较多,只适用于低分断能力的熔断器。高熔点材料如铜、银,其熔点高,不容易熔断,但由于其电阻率较低,可制成比低熔点熔体较小的截面尺寸,熔断时产生的金属蒸气少,适用于高分断能力的熔断器。熔体的形状分为丝状和带状两种,改变截面的形状可显著改变熔断器的熔断特性。

熔断器采用金属导体为熔体,串联于电路,负载电流流过熔体,熔体电阻上的损耗使其发热,温度上升。当电路正常工作时,其发热温度低于熔化温度,故长期不熔断。当发生短路或严重过载时,电流大于熔体允许的正常发热电流,使熔体温度急剧上升,超过其熔点而熔断,从而分断电路的电器,保护了电器和设备。

2. 熔断器的分类

低压熔断器按形状可分为管式、插入式、螺旋式等；根据结构可分为敞开式、半封闭式等熔断器。其实物如图 2-35 所示。

(a) 螺旋式熔断器　　(b) 插入式熔断器　　(c) 半导体器件保护熔断器

图 2-35　熔断器实物图

敞开式熔断器结构简单，熔体完全暴露于空气中，由瓷柱作支撑，没有支座，适于低压户外使用，分断电流时在大气中产生较大的声光。

半封闭式熔断器的熔体装在瓷架上，插入两端带有金属插座的瓷盒中，适于低压户内使用。分断电流时，所产生的声光被瓷盒挡住。

管式熔断器的熔体装在熔断体内，然后插在支座或直接连在电路上使用。熔断体是两端套有金属帽或带有触刀的完全密封的绝缘管。这种熔断器的绝缘管内若充以石英砂，则分断电流时具有限流作用，可大大提高分断能力，故又称作高分断能力熔断器。

自复式熔断器采用金属钠作熔体，当发生短路故障时，短路电流产生的高温使钠迅速汽化，呈现高阻状态，从而限制了短路电流的进一步增加。一旦故障消失，温度下降，金属钠蒸气冷却并凝结，重新恢复原来的导电状态。自复式熔断器常与断路器配合使用以达到完全切断电源。

3. 熔断器的型号及图形符号

熔断器的常用型号有 RL6、RL7、RT12、RT14、RT15、RT16(NT)、RT18、RT19(AM3)、RO19、RO20、RTO 等。熔断器的型号及含义如图 2-36 所示，熔断器的图形符号如图 2-37 所示。

4. 熔断器的主要技术参数

熔断器的主要技术参数有额定电压、额定电流、极限分断能力。几种常见熔断器的技术参数见表 2-7～表 2-9。

(1) 额定电压：是指熔断器长期工作时和分断后所能承受的电压值，一般大于或等于电气设备的额定电压。

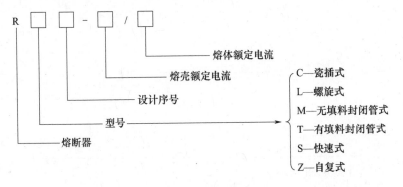

图 2-36 熔断器的型号含义

图 2-37 熔断器的图形符号

（2）额定电流：包括熔断器的额定电流和熔体的额定电流，二者是不同的。熔体的额定电流是指在规定的工作条件下，电流长时间通过熔体而熔体不断的最大电流。熔断器的额定电流是指熔断器长期正常工作的电流，由熔断器各部分长期工作时所允许的温升决定。熔断器的额定电流应大于或等于所装熔体的额定电流。

（3）极限分断能力：是指熔断器在额定电压下，能可靠分断的最大短路电流值。它取决于熔断器的灭弧能力，与熔体额定电流无关。

表 2-7 RT18 系列熔断器的主要技术数据

型号	熔断器额定电流/A	熔体额定电流/A
RT18-32	32	2、4、6、10、16、20、25、32
RT18-63	63	2、4、6、10、16、20、25、32、40、50、63

表 2-8 RL1 系列熔断器的主要技术数据

型号	熔断器额定电流/A	熔体额定电流/A
RL1-15	15	2、4、6、10、15
RL1-60	60	20、25、30、35、40、50、60
RL1-100	100	60、80、100
RL1-200	200	100、125、150、200

表 2-9 RC1 系列熔断器的主要技术数据

型号	熔断器额定电流/A	熔体额定电流/A
RC1-10	10	1、4、6、10
RC1-15	15	6、10、15
RC1-60	60	20、25、30
RC1-100	100	80、100
RC1-200	200	120、150、200

5. 熔断器的选用

(1) 熔断器类型的选择主要根据使用场合来选择不同的类型。例如,作电网配电用,应选择一般工业用熔断器;作硅元件保护用,应选择保护半导体器件熔断器;供家庭使用,宜选用螺旋式或半封闭插入式熔断器。

(2) 熔断器的额定电压必须大于或等于安装处的电路额定电压。

(3) 电路保护用熔断器熔体的额定电流基本上可按电路的额定负载电流来选择,但其极限分断能力必须大于电路中可能出现的最大故障电流。

(4) 在电动机回路中作短路保护时,应考虑电动机的起动条件,按电动机的起动时间长短选择熔体的额定电流。

① 单台电动机长期工作时,可按下式决定熔体的额定电流:

$$I_{FU} = (1.5 \sim 2.5)I_N \text{ 或 } I_{FU} = I_Q/(2.5 \sim 3)$$

式中:I_{FU} 为熔体的额定电流;I_Q 为电动机的起动电流;I_N 为电动机的额定电流。

② 单台电动机频繁起动的场合,按下式决定熔体的额定电流:

$$I_{FU} = (3 \sim 3.5)I_N \text{ 或 } I_{FU} = I_Q/(1.6 \sim 2)$$

③ 对于多台电动机直接起动,考虑到电动机一般不同时起动,故熔体的电流可按下式计算:

$$I_{FU} = (1.5 \sim 2.5)I_{Nmax} + \Sigma I_N \text{ 或 } I_{FU} = I_{QN}/(2.5 \sim 3) + \Sigma I_N$$

式中:I_{Nmax} 为功率最大的一台电动机的额定电流;I_{QN} 为功率最大的一台电动机的起动电流;ΣI_N 为其余电动机额定电流之和。

二、热继电器

热继电器是一种利用电流的热效应原理和发热元件的热膨胀原理,电流通过发热元件加热使双金属片弯曲,推动执行机构动作断开电动机控制电路,实现电动机断电停车的保护电器。电动机在实际运行中,常常遇到过载的情况。若过载电流不太大且过载时间较短,电动机绕组温升不超过允许值,这种过载是允许的;但若过载电流大且过载时间长,电动机绕组温升就会超过允许值,就会加剧绕组绝缘材料的老化,缩短电动机的使用年限,严重时会使电动机绕组烧毁,这种过载是电动机不能承受的。因此,常用热继电器作为电动机的过载保护以及三相电动机的断相保护。

1. 热继电器的结构和工作原理

热继电器主要由热元件(驱动元件)、双金属片、触点和动作机构等组成,其外形如图2-38所示。双金属片是由两种热膨胀系数不同的金属片碾压而成,受热后热膨胀系数较高的主动层向热膨胀系数小的被动层方向弯曲。热继电器结构示意图如图2-39所示。

图2-38 热继电器外形图

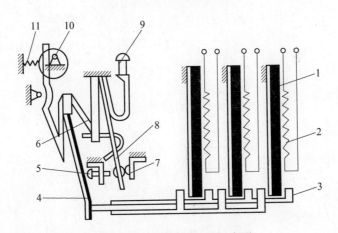

图2-39 热继电器结构示意图

1—主双金属片;2—电阻丝;3—导板;4—补偿双金属片;5—调节螺钉;6—推杆;
7—静触头;8—动触头;9—复位按钮;10—调节凸轮;11—弹簧。

驱动元件串接于电动机的定子绕组中,绕组电流即为流过驱动元件的电流。当电动机正常工作时,驱动元件产生的热量虽能使双金属片弯曲,但不足以使其触点动作。当过载时,流过驱动元件的电流增大,使其产生的热量增加,使双金属片产生的弯曲位移增大,从而推动导板,带动温度补偿双金属片和与之相连的动作机构使热继电器触点动作,切断电动机控制电路。图2-39中凸轮10可用来调节动作电流;补偿双金属片4则用于补偿周围环境温度变化的影响,当周围环境温度变化时,主双金属片和与之采用相同材料制成的补偿双金属片会产生同一方向的弯曲,可使导板与补偿双金属片之间的推动距离保持不变。此外,热继电器可通过调节螺钉5选择自动复位或手动复位。

由于热惯性,当电路短路时,热继电器不能立即动作使电路立即断开。因此,在控制系统主电路中,只能用作电动机的过载保护,而不能起到短路保护的作用。在电动机起动或短时过载时,热继电器也不会动作,这样可避免电动机不必要的停车。

2. 热继电器的型号及电气符号

目前国内生产的热继电器品种较多,常用的有JR20、JR16、JR15、JR10、JR1、JR0等系列产品,引进产品有德国ABB公司的T系列、法国TE公司的LR1-D系列、德国西门子公司的3UA系列等。热继电器的型号及含义如图2-40所示,热继电器的图形符号如图2-41所示。

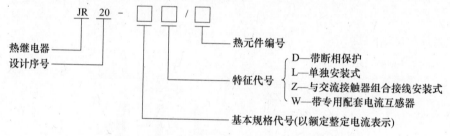

图2-40 热继电器的型号及含义

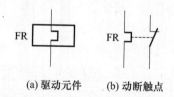

图2-41 热继电器的图形符号

JR20系列热继电器具有过载保护、断相保护、温度补偿、整定电流值可调、手动脱扣、手动复位、动作脱扣指示等功能。安装方式上除采用分立结构外,还增设了组合式结构,通过导电杆与挂钩直接插接,可直接连接在CJ20型接触器上。表2-10所列为JR20系列热继电器的主要技术数据。

表 2-10　JR20 系列热继电器的主要技术数据

型号	额定电流/A	热元件号	整定电流调节范围/A
JR20-10	10	1R~15R	0.1~11.6
JR20-16	16	1S~6S	3.6~18
JR20-25	25	1T~4T	7.8~29
JR20-63	63	1U~6U	16~71
JR20-160	160	1W~9W	33~176

3. 热继电器的主要技术参数

热继电器的主要技术参数是整定电流,主要根据电动机的额定电流来确定。

热继电器的整定电流是指热继电器长期不动作的最大电流,超过此值即开始动作。热继电器可以根据过载电流的大小自动调整动作时间,具有反时限保护特性。一般过载电流是整定电流的 1.2 倍时,热继电器动作时间小于 20min;过载电流是整定电流的 1.5 倍时,动作时间小于 2min;过载电流是整定电流的 6 倍时,动作时间小于 5s。热继电器的整定电流通常与电动机的额定电流相等或是额定电流的 0.95~1.05 倍。

如果电动机拖动的是冲击性负载或电动机的起动时间较长时,热继电器整定电流要比电动机额定电流高一些。但对于过载能力较差的电动机,则热继电器的整定电流应适当小些。

热继电器其他技术参数还包括额定电压、额定电流、相数以及热元件编号等。

4. 热继电器的选用

热继电器的选用应根据电动机的额定电流、接法和工作环境来决定型号。当定子绕组采用星形接法时,选择通用的热继电器即可;如果绕组为三角形接法,则应选用带断相保护装置的热继电器。在一般情况下,可选用两相结构的热继电器;在电网电压的均衡性较差、工作环境恶劣或维护较少的场合,可选用三相结构的热继电器。具体根据电动机的不同工作情况选择具体型号和参数。

1)保护长期工作或间断长期工作电动机时

根据电动机的起动时间,选取 $6I_N$ 以下且具有可返回的热继电器。一般返回时间为 0.5~0.7 倍的继电器动作时间。

一般情况下,按电动机的额定电流选取,时热继电器的整定值为(0.95~1.05)I_N,或者取热继电器整定电流的中值等于电动机的额定电流,然后进行调整。

2)保护反复短时工作制的电动机时

热继电器用以保护反复短时工作制的电动机时,热继电器仅有一定范围的适应性。如果每小时操作次数很多,就要选用带速饱和电流互感器的热继电器。

3) 保护特殊工作制电动机时

对于正反转相通断频繁的特殊工作制电动机,不宜采用热继电器作为过载保护装置,而应使用埋入电动机绕组的温度继电器或热敏电阻来进行保护。

技能训练六　低压保护电器的认识与安装实训

一、实训内容

(1) 熔断器的结构认识；

(2) 热继电器的结构认识与工作原理的了解；

(3) 热继电器的使用和校验调整。

二、实训器材、工具

常用实训器材、工具如表 2-11 所列。

表 2-11　保护电器安装实训器材、工具

序号	名　称	型号与规格	单位	数量/套	备注
1	带单、相三相交流电源工位	自定	台	1	
2	网孔板	600mm×500mm	块	1	
3	带帽自攻螺丝	M3×8	个	100	
4	U形导轨	标准导轨	m	2	
5	PVC 配线槽	25×25	根	2	
6	软铜导线	BRV-1.5,BRV-0.75	m	若干	
7	万用表	自定	块	1	
8	手锯弓、锯条		套	1	
9	热继电器	JR16-15	个	1	
10	转换开关		个	若干	
11	刀开关		个	1	
12	按钮	LA42	个	2	
13	自耦变压器		个	1	
14	熔断器	各种类型和规格	个	若干	
15	电工通用工具	验电笔、螺丝刀(包括十字口螺丝刀、一字口螺丝刀)、电工刀、尖嘴钳、斜尖嘴钳、剥线钳等	套	1	

三、实训步骤及要求

1. 保护电器的认识

（1）观察各熔断器外部结构，指出是哪种熔断器。

（2）拆开热继电器侧板，详细观察内部构造，了解双金属片实现过载保护的原理。

2. 保护电器安装与调整

（1）熟悉安装接线电路图（图2-34）。

（2）检查所给熔断器的熔体是否完好，若熔体已断，按原规格选配熔体。

（3）更换熔体，对RC1A系列的熔断器，安装熔丝时熔丝缠绕方向要正确，安装过程中不得损坏熔丝。对RL1系列的熔断器不能倒装。

（4）用万用表检查更换熔体后的熔断器各部分接触是否良好。

（5）热继电器保护特性测试：

① 将热继电器刻度调到2A，调节自耦变压器至接触器线圈额定工作电压220V。

② 合上SA1~SA4，按下起动按钮SB2，4只100W的白炽灯亮，负载功率共400W。观察、记录电流表读数，记录热继电器过载工作时间。按下停止按钮。

③ 待热继电器冷却至室温，再合上SA5，按下SB2，记录电流表读数和过载时间。按下停止按钮，重复上一次动作。

④ 分别依次合上SA6~SA10，记录电流表读数和过载时间。

（6）热继电器的复位方式调整。热继电器出厂时，一般都在手动复位的位置，如果需要自动复位，可将复位调节螺钉顺时针旋进。自动复位时应在动作后5min内自动复位；手动复位时，在动作2min后，按下手动复位按钮，热继电器复位。

四、注意事项

（1）各控制电气元件安装在面板上时，应布置整齐，排列合理，如根据电动机起动的先后顺序，从上到下或从左到右排列。

（2）各电气元件在拆卸过程中，应备有盛放零件的容器，以免丢失零件。

（3）安全文明生产。拆卸过程中不允许硬撬，以免损坏电器。

（4）通电校验时，热继电器应固定在控制板上，并有教师监护，以确保用电安全。

（5）紧固各元件时，要用力均匀、谨慎，紧固程度适当，以免损坏；接线时，用力不可过猛，以防螺钉打滑。

（6）校验时环境温度应尽量接近工作环境温度，连接导线长度一般不应小于0.6m，连接导线的截面积应与使用的实际情况相同。

(7) 出现故障后，学生应在指导教师的监护下独立进行检修。
(8) 通电测试完毕后先切断电源，然后拆除电源线拆下各元件。

五、成绩评定

低压保护电器安装实训考核及评分标准见表2-12。

表2-12 低压保护电器安装实训考核及评分标准

序号	考核项目	考核要求	评分标准	配分	扣分	得分
1	器件认识	正确写出器件名称、型号，指出各部结构	(1) 名称型号写错一个扣5分； (2) 部件结构错一个扣5分	15		
2	器件拆卸	正确拆开热继电器	拆卸方法错误、不遵守规则一次扣10分	10		
3	器件安装	正确牢固安装各电气元器件	(1) 器件安装不牢固每只扣2分； (2) 器件安装错误每只扣5分； (3) 安装不整齐、不匀称每只扣1分； (4) 元件损坏每件扣15分	30		
4	器件接线	参考电路图正确接线	(1) 错、漏、多接1根线扣5分； (2) 按钮开关颜色错误扣5分； (3) 配线不美观、不整齐、不合理，每处扣2分	15		
5	通电测试	测试热继电器在不同过载电流时的工作时间	(1) 测试方法不正确一次扣5分； (2) 测试不同过载电流的工作时间一次不正确扣10分	30		
6	其他	安全文明生产	违反安全文明生产每次扣5分，扣完为止（从总分中扣）			

任务三 执行电器

根据控制系统的输出控制逻辑要求执行动作命令的电气元件称为执行电器，如电磁阀、电磁离合器等。

一、电磁铁

电磁铁是通电产生电磁的一种装置。在铁芯的外部缠绕与其功率相匹配的导电绕组，这种通有电流的线圈像磁铁一样具有磁性，也称电磁铁。电磁铁是利用得电线圈在铁芯中产生的电磁吸力来吸引衔铁或钢铁零件,以完成预期动作的一种电器。它是将电能转换为机械能的一种电磁元件。

1. 电磁铁的工作原理与典型结构

电磁铁由线圈、铁芯和衔铁三部分组成,铁芯和衔铁一般用软磁材料制成。铁芯一般是静止的,线圈总是装在铁芯上。开关电器的电磁铁的衔铁上还装有弹簧,如图 2-42 所示。

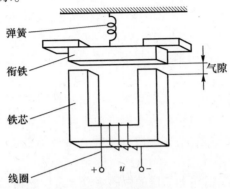

图 2-42 电磁铁的组成

当线圈中通以电流时,铁芯和衔铁被磁化,成为极性相反的两块磁铁,它们之间产生电磁吸力。当吸力大于弹簧的反作用力时,衔铁开始向着铁芯方向运动。当线圈中的电流小于某一定值或中断供电时,电磁吸力小于弹簧的反作用力,衔铁将在反作用力的作用下返回原来的释放位置。按衔铁运动方式可分为转动式和直动式,按磁路系统形式可分为拍合式(图 2-43(a))、盘式(图 2-43(b))、E 形(图 2-43(c))和螺管式(图 2-43(d))。

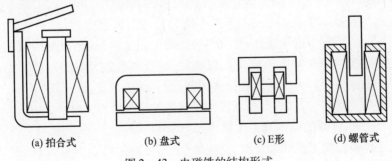

图 2-43 电磁铁的结构形式

2. 电磁铁的分类

(1) 按其线圈电流的性质可分为直流电磁铁和交流电磁铁。

① 交流电磁铁:阀用交流电磁铁的使用电压一般为交流 220V,电气线路配

置简单。交流电磁铁起动力较大,换向时间短;但换向冲击大,工作时温升高(外壳设有散热筋);当阀芯卡住时,电磁铁因电流过大易烧坏,可靠性较差,所以切换频率不许超过 30 次/min,寿命较短。

② 直流电磁铁:直流电磁铁一般使用 24V 直流电压,因此需要专用直流电源。其优点是不会因铁芯卡住而烧坏,体积小,工作可靠,允许切换频率为 120 次/min,换向冲击小,使用寿命较长。但起动力比交流电磁铁小。

(2) 按用途不同可分为牵引电磁铁、制动电磁铁、起重电磁铁及其他类型的专用电磁铁等。

① 牵引电磁铁:主要用来牵引机械装置、开启或关闭各种阀门,以执行自动控制任务。

② 起重电磁铁:用作起重装置来吊运钢锭、钢材、铁砂等铁磁性材料。

③ 制动电磁铁:主要用于对电动机进行制动以达到准确停车的目的。

④ 自动电器的电磁系统:如电磁继电器和接触器的电磁系统、自动开关的电磁脱扣器及操作电磁铁等。

⑤ 其他用途的电磁铁:如磨床的电磁吸盘以及电磁振动器等。

3. 电磁铁的优点

电磁铁的磁性有无可以用通、断电流控制;磁性的大小可以用电流的强弱或线圈的匝数多少来控制,也可通过改变电阻控制电流大小来控制磁性大小;它的磁极可以由改变电流的方向来控制等。

电磁铁是电流磁效应(电生磁)的一个应用,与生活联系紧密,应用广泛,如电磁继电器、电磁起重机、磁悬浮列车、电子门锁、智能通道匣、电磁流量计等。

二、电磁离合器

电磁离合器是在电磁力作用下具有离合功能的离合器,其作用是将执行机构的力矩(或功率)从主动轴一侧传到从动轴一侧,广泛运用于各种机构(如机床中的传动机构和各种电动机构),以实现快速起动、制动、正反转或调速等功能。由于电磁离合器易于实现远距离控制,和其他机械式、液压式或气动式离合器相比要简便得多,所以它是自动控制系统中的一种重要元件。

1. 电磁离合器的结构和工作原理

电磁离合器按工作原理不同,其主要形式有摩擦片式、牙嵌式、磁粉式和感应转差式等。下面主要介绍摩擦片式电磁离合器的结构和工作原理,如图 2-44 所示。

在主动轴的花键轴上装有主动摩擦片,它可沿花键轴自由移动,同时又与主动键花键连接,所以主动摩擦片可随主动轴一起旋转。从动摩擦片与主动摩擦

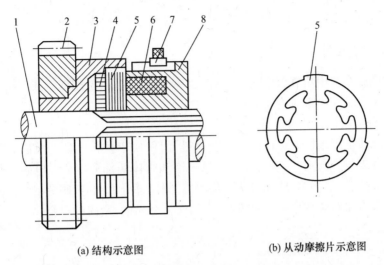

(a) 结构示意图 (b) 从动摩擦片示意图

图2-44 摩擦片式电磁离合器结构

1—主动轴；2—从动轴；3—套筒；4—衔铁；5—摩擦片组；6—线圈；7—集电环；8—铁芯。

片交替叠装,其外缘凸起部分卡在与从动齿轮固定在一起的套筒内,因此可随从动齿轮一起旋转。在主动、从动摩擦片未压紧之前,主动轴旋转时它不转动。

当电磁线圈通入直流电产生磁场后,在电磁吸力的作用下,主动摩擦片与衔铁克服弹簧反力被吸向铁芯,并将各摩擦片紧紧压住,依靠主动摩擦片与从动摩擦片之间的摩擦力,使从动摩擦片随主动轴旋转,同时又使套筒及从动齿轮随主动轴旋转,实现了力矩的传递。当电磁离合器线圈失电后,装在主动、从动摩擦片之间的圈状弹簧使衔铁和摩擦片复位,离合器便失去传递力矩的作用。

2. 电磁离合器的分类

摩擦片式电磁离合器又有干式单片电磁离合器、干式多片电磁离合器、湿式多片电磁离合器几种。

磁粉离合器是在主动与从动件之间放置磁粉,不通电时磁粉处于松散状态,通电时磁粉结合,主动件与从动件同时转动。可通过调节电流来调节转矩,允许较大滑差,较大滑差时温升较大,相对价格较高。

转差式电磁离合器工作时,主、从部分必须存在某一转速差才有转矩传递,转矩大小取决于磁场强度和转速差。适用于高频动作的机械传动系统,可在主动部分运转的情况下,使从动部分与主动部分接合或分离。主动件与从动件之间处于分离状态时,主动件转动,从动件静止;主动件与从动件之间处于接合状态时,主动件带动从动件转动。

电磁离合器的主动部分和从动部分依靠接触面间的摩擦作用,或是用液体作为传动介质,或是用磁力传动来传递转矩,使两者之间可以暂时分离,又可逐

71

渐接合,在传动过程中又允许两部分相互转动。

三、电磁阀

当控制系统中负载惯性较大、所需功率也较大时,一般用液压或气压控制系统。电磁阀是此类系统的主要组成部分。

1. 电磁阀的结构和工作原理

电磁阀是用来控制流体的自动化基础元件,属于执行电器。电磁阀的基本结构如图 2-45 所示,一般由吸入式电磁铁和阀体两部分组成。电磁阀的电磁部件由定铁芯、动铁芯、线圈等零部件组成;阀体部分由阀芯、阀套、弹簧、阀座等组成。电磁部件被直接安装在阀体上,构成一个简洁、紧凑的组合。

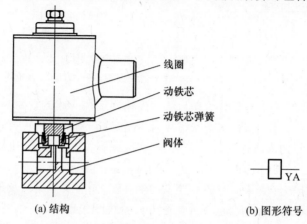

图 2-45 电磁阀结构与线圈的图形符号

电磁阀工作原理:当电磁铁线圈通电或断电时,衔铁吸合或释放,由于电磁铁的动铁芯与液压阀的阀芯连接,就会直接控制阀芯位移,实现流体通过或被切断,以达到改变流体方向的目的,操纵各种机构动作。

电磁阀是一种应用广泛的自动化仪表执行器,作为与企业安全生产直接相关的重要工业产品,在众多领域有着不可或缺举足轻重的地位。由于电磁阀结构简单,使用安全,工作可靠,功率微小,成批产品的性能一致性好,在国外已被广泛应用于汽车、工程机械、农业机械等许多方面。

2. 电磁阀的分类

追溯电磁阀的发展史,到目前为止,国内外的电磁阀按动作方式分为三大类:直动式、反冲式(分步重合式)、先导式。而从阀瓣结构和材料上的不同与工作原理上的区别又分为六类:直动膜片结构、分步重片结构、先导膜式结构、直动活塞结构、分步直动活塞结构、先导活塞结构。本书只介绍动作方式稍有差异的三大类电磁阀。

1) 直动式电磁阀的工作原理

通电时,电磁线圈产生电磁力把关闭件从阀座上提起,阀门打开;断电时,电磁力消失,弹簧把关闭件压在阀座上,阀门关闭。

特点:在真空、负压、低压时能正常工作,但通径一般不超过25mm。

2) 反冲式电磁阀的工作原理

它是一种直动和先导式相结合的原理,当入口与出口没有压差时,通电后,电磁力直接把先导阀和主阀关闭件依次向上提起,阀门打开。当入口与出口达到起动压差时,通电后,电磁力先打开先导阀,主阀下腔压力上升,上腔压力下降,从而利用压差把主阀向上推开;断电时,先导阀利用弹簧力或介质压力推动关闭件向下移动,使阀门关闭。

特点:在零压差或真空、高压时亦能可靠动作,但功率较大,要求必须水平安装。

3) 先导式电磁阀的工作原理

通电时,电磁力把先导孔打开,上腔室压力迅速下降,在关闭件周围形成上低下高的压差,流体压力推动关闭件向上移动,阀门打开;断电时,弹簧力把先导孔关闭,入口压力通过旁通孔迅速至上腔室,在关阀件周围形成下低上高的压差,流体压力推动关闭件向下移动,关闭阀门。

特点:流体压力范围上限较高,可任意安装(需定制),但必须满足流体压差条件。

3. 电磁换向阀

在组合机床、自动化机床和数控设备中电磁换向阀用来直接控制设备往复的换向运动,运用很多。电磁换向阀是通过电磁铁推动换向阀动作,用以改变在机床液压系统中的液体流动方向,通过接通和关断油路实现运动换向。在生产中常用的电磁阀有图2-46所示的二位二通、二位三通、二位四通、二位五通、三位五通等。二位的含义对于电磁阀来说就是带电和失电,对于所控制的阀门来说就是开和关。

电磁换向阀的型号及意义:以"23D-10B"为例来说明其型号的意义。"23"表示二位三通,如图2-46(b),"D"表示直流电源,"10"表示流量为10L/min,"B"表示板式连接。图中方格表示滑阀位置,如图2-46(a)~(e)都是二位,图2-46(f)是三位,箭头表示阀内液体的流向,符号"⊥"表示阀内通道堵塞。

图2-45(f)为三位四通电磁换向阀,当电磁铁YA_1和YA_2都失电时,其工作状态是以中间方格的内容表示,四孔互不相通,此为该三位四通电磁换向阀中位机能。其中P是进油口,O是回油口,A、B是通往液压缸A腔、B腔的油口。

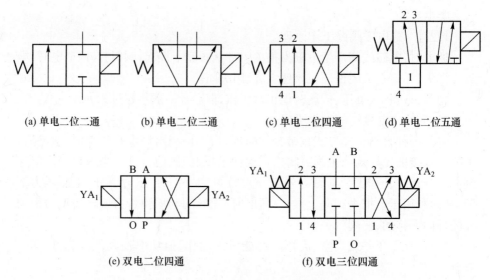

图 2-46 电磁换向阀的位置与图形符号

如果 YA_1 得电时,阀的工作状态由邻接 YA_1 的方格所示油路确定,即液压油通过进油口进入液压缸 A 腔,B 腔的油通过回油口 O 流入油箱。当 YA_2 得电时,阀的工作状态视邻接 YA_2 的方格所示油路确定,即液压油通过进油口 P 进入液压缸 B 腔,A 腔的油通过回油口 O 流入油箱。对三位四通或五通的电磁阀,在设计控制电路时,不允许电磁铁 YA_1 与 YA_2 同时得电。

4. 电磁阀的性能特点

尽管电磁阀家族庞大而复杂,但是在电磁阀生产之初,人们对其性能是有着基本的设定的。整体而言,各类电磁阀都具有的明显性能特征有 4 项:安全性、适用性、可靠性、经济性,这也是人们在选择电磁阀时首要考虑的因素。

5. 电磁阀在选用的注意事项

(1) 电磁阀的工作机能要符合执行机构的要求,据此确定所采用阀的形式(二位或三位,单电或双电,二通或三通、四通、五通等)。

(2) 电磁阀的额定工作压力等级以及流量要满足系统要求。

(3) 电磁铁线圈采用的电源种类以及电压等级等都要与控制电路一致,并应考虑通电持续率。

技能训练七　执行电器的认识与安装实训

一、实训内容

(1) 电磁离合器的结构认识;

（2）电磁阀的结构认识与工作原理的了解。

二、实训器材、工具

常用实训器材、工具如表2-13所列。

表2-13 执行电器安装实训器材、工具

序号	名称	型号与规格	单位	数量/套	备注
1	液压试验台		个	1	
2	带帽自攻螺丝	M3×8	个	100	
3	软铜导线	BRV-1.5,BRV-0.75	m	若干	
4	行程开关		个	3	
5	电磁离合器		个	1	
6	转换开关		个	1	
7	按钮	常开和复合按钮	个	2	
8	电磁阀	各种类型和规格	个	若干	
9	电工通用工具	验电笔、螺丝刀（包括十字口螺丝刀、一字口螺丝刀）、电工刀、尖嘴钳、斜尖嘴钳、剥线钳等	套	1	

三、实训步骤及要求

1. 各执行电器的认识

（1）观察电磁离合器外部结构。

（2）观察各种电磁阀外部结构,理解电磁换向阀的中位机能。

2. 保护电器安装与调整

（1）熟悉安装接线电路图（图2-47）。

（2）检查的液压试验台是否完好,液压元件、油路是否连接正确可靠,根据液压原理图正确连接各元件。

（3）根据电气原理图正确连接控制电路,重点是各电磁线圈和触点的接线。

（4）再次检查线路是否被可靠连接。

（5）检查无误后通电试运行,快进—工进—快退—停止,工作过程应正确、准确。

四、注意事项

（1）元件一定要选择正确,首先要检测电磁阀安装的型号参数是否相同,特别应注意电源,如果电源不对,那么可能会导致线圈的损坏。因为电磁阀电源电压可以满足的波动范围在交流-15%～+10%,直流-10%～+10%之间,平时线圈组件不能顺便拆开。

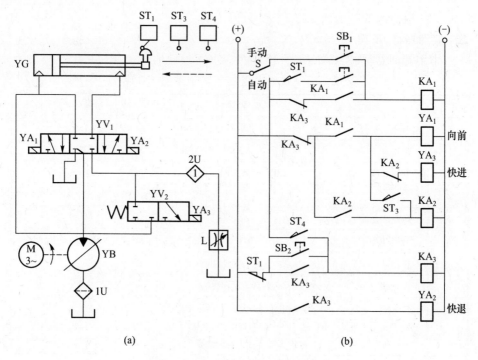

图2-47 电磁换向阀工作控制电路

（2）通常电磁阀的电磁线圈部分应该是竖立且向上的，竖立安装在水平面管道。

（3）连接之前要对管道进行清理，更需要注意的是介质的纯净度，如果介质内有灰尘，就会阻碍电磁阀正常运行，管道中应该安装过滤设备进行防护。

（4）电磁阀前后应该加上手动切断阀，同时应设旁路，便于在电磁阀故障时维护。

（5）电磁阀在安装时要注意按照指示方向进行安装。一般情况下阀体朝上，不能装反。

（6）换向阀P口接压力油，T口接回油，不能互换。

（7）尽量避免电磁阀长时间处于通电状态，长时间通电会降低线圈使用寿命，还可能导致线圈损坏，常开、常闭电磁阀不能替换使用。

（8）元件搬运应小心，安装应可靠，管路连接应可靠到位；选择的液压元件一定与实训台固定。油缸动作时不能接触活塞杆。

（9）注意实训压力的调节。

（10）一定要在压力表没有指示并关泵后再插拔管路。

（11）实训结束后，油缸活塞杆应返回原始位置。

（12）复原实训台，并保持实训室卫生、整洁。

五、成绩评定

执行电器安装实训考核及评分标准见表2-14。

表2-14 执行电器安装实训考核及评分标准

序号	考核项目	考核要求	评分标准	配分	扣分	得分
1	器件认识	正确写出各执行电器的名称，指出各部结构	（1）电器名称写错一个扣3分； （2）部件结构错一个扣5分； （3）对换向阀中位机能不理解扣5分	20		
2	器件检查	（1）根据液压原理图正确连接各元件； （2）检查各元件的质量	（1）不做元器件检查扣10分； （2）少做一项检查扣3分； （3）液压回路连接不正确每处扣3分	20		
3	器件接线	（1）按参考电路图正确接线； （2）接线符合国标要求	（1）错、漏、多接1根线扣5分； （2）按钮开关颜色错误扣5分； （3）配线不美观、不整齐、不合理，每处扣2分	30		
4	通电测试	通电测试运动是否正确	（1）测试液压缸运动方向不正确第一次扣10分； （2）测试液压缸运动方向不正确第二次扣20分	30		
5	其他	安全文明生产	违反安全文明生产每处扣5分，扣完为止（从总分中扣）			

项目三　机床电气基本控制环节

任务一　识读机床电气图

一、电气制图与识图的相关国家标准

GB/T 4728.1~GB/T 4728.5—2005；GB/T 4728.6~GB/T 4728.13—2008《电气简图用图形符号》系列标准；

GB/T 5465.2—2008《电气设备用图形符号》；

GB/T 20939—2007《技术产品及技术产品文件结构原则 字母代码按项目用途和任务划分的主类和子类》；

GB/T 5094.1—2002；GB/T 5094.2—2003；GB/T 5094.4—2005《电气技术中的代号》；

GB/T 14689—2008~146990、91—1993《技术制图》系列标准；

GB 6988—1986《电气制图》标准。

GB/T 4728.1~GB/T 4728.13—2005~2008《电气简图用图形符号》系列标准中规定了各类电气产品所对应的图形符号，标准中规定的图形符号基本与国际电气技术委员会（IEC）发布的有关标准相同。图形符号由符号要素、限定符号、一般符号以及常用的非电操作控制的动作符号（如机械控制符号等）根据不同的具体器件情况组合构成。该标准除给出各类电气元件的符号要素、限定符号和一般符号以外，还给出了部分常用图形符号及组合图形符号示例。该标准中给出的图形符号实例有限，实际使用中可通过已规定的图形符号适当组合进行派生。

GB/T 5465.2—2008《电气设备用图形符号》规定了电气设备用图形符号及其应用范围、字母代码等内容。

GB/T 20939—2007《技术产品及技术产品文件结构原则字母代码按项目用途和任务划分的主类和子类》规定了电气工程图中的文字符号，分为基本文字符号和辅助文字符号。基本文字符号有单字母符号和双字母符号。单字母符号表示电气设备、装置以及元器件的大类，例如，K为继电器类元件；双字母符号由一个表示大类的单字母与另一表示器件某些特性的字母组成，例如，KT表示继

电器类元件中的时间继电器,KM表示继电器类元件中的接触器。辅助文字符号用来进一步表示电气设备、装置以及元器件的功能、状态和特征。

GB/T 5094.1—2002;GB/T 5094.2—2003;GB/T 5094.4—2005《电气技术中的代号》规定了电气工程图中项目代号的组成及应用,即种类代号、高层代号、位置代号和端子代号的表示方法及其应用。

GB/T 14689—2008～146990、91—1993《技术制图》系列标准规定了电气图纸的幅面、标题栏、字体、比例、尺寸标注等。

在GB 6988—2016《电气制图》中,GB 6988.1为《电气制图术语》;GB 6988.2为《电气制图一般规则》;GB 6988.3为《电气制图系统图和框图》;GB 6988.4为《电气制图电路图》;GB6988.5为《电气制图接线图和接线表》;GB 6988.6为《电气制图功能表图》;GB 6988.7为《电气制图逻辑图》。

读者如需电气图形符号和基本文字符号的详细资料,请查阅相关国家标准。

二、机床电气控制电路图类型及其识读

机床电气控制电路图常见的类型有系统图与框图、电气原理图、电气元件布置图、电气接线图和接线表。其中电气接线图又包括单元接线图、互连接线图和端子接线图。

（一）系统图与框图识读

系统图与框图是采用符号或带注释的框来概略表示系统、分系统、成套装置等的基本组成及其功能关系的一种电气简图,是从整体和体系的角度反映对象的基本组成和各部分之间的相互关系,从功能的角度概略地表达各组成部分的主要功能特征。系统图与框图的区别是系统图一般用于系统或成套装置,而框图用于分系统或单元设备。它们是进一步编制详细技术文件的依据,是读懂复杂原理图必不可少的基础图样,也可供操作和维修时参考。

1. 系统图与框图的组成及应用

1) 系统图与框图的组成

系统图与框图主要由矩形框、正方形框或《电气图用图形符号》标准中规定的有关符号、信号流向、框中的注释与说明组成,框符号可以代表一个相对独立的功能单元(如分机、整机或元器件组合等)。一张系统图或框图可以是同一层次的,也可将不同层次(一般以三、四层次为宜,不宜过多)的内容绘制在同一张图中。

2) 系统图与框图的应用

(1) 符号的使用。系统图或框图主要采用方框符号,或带有注释的框绘制。框图的注释可以采用符号、文字或同时采用文字与符号,如图3-1所示为标准

型数控系统基本组成框图。框图中框内出现元器件的图形符号并不一定与实际的元件和器件一一对应，但可能用于表示某一装置、单元的主要功能或某一装置、单元中主要的元件或器件，或一组元件或器件。

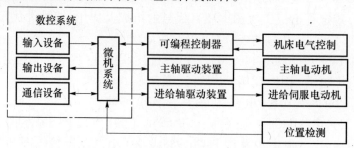

图 3-1　标准型数控系统基本组成框图

图 3-2 是晶闸管 - 直流调速系统图。全图采用的均为图形符号。图中反映的器件不一定是一个，而可能是一组，它只反映该部分及其功能，无法严格与实际器件一一对应。方框符号的功能是由限定符号来表示，每一个方框符号本身已代表了实际单元的功能。

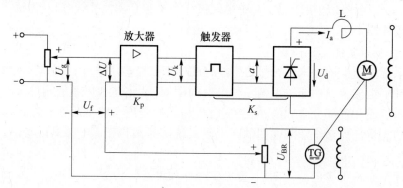

图 3-2　晶闸管 - 直流调速系统图

各种符号可以单独出现在框图上，表示某个装置或单元，也可用框线围起，形成带注释的框。框中的注释可以是符号，也可以是文字，或者是文字与符号兼有。其各自的特点如下：

① 采用图形符号作注释。由于符号所代表的含义可以不受语言、文字的限制，只要正确选用标准化的各种符号，就可以得到一致的理解；其缺点是缺乏专业训练的人员就难以理解，如图 3-3(a) 所示。

② 采用文字符号注释。用文字在框图中注释可以简单地写出框的名称，也可较为详细地表示该框的功能或工作原理，甚至还可以概略地标注各处的工作

状态和电参数等。其优点是非常有助于设备和装置的维修人员对故障的快速诊断和检修,如图3-3(b)所示。

③ 图形与文字兼有的注释较为直观和简短,兼备了上述两种注释的优点,如图3-3(c)所示。

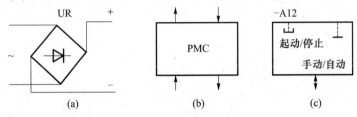

图3-3 带注释的框

④ 除了以上使用符号的方法之外,系统图和框图常会出现框的嵌套形式,此种形式可以形象和直观地反映其对象的层次划分和体系结构。在一张图纸中常常出现嵌套形式,是为了较好地表现系统局部的若干层次,这种围框图的嵌套形式能清楚地反映出各部分的从属关系,如图3-1所示。

⑤ 系统图与框图中的"线框"应是实线画成的框,"围框"则是用点画线画成的框,如图3-1所示。

(2)布局与信息流向。在系统图和框图中,为了充分表达功能概况,常常绘制非电过程的部分流程。因此在系统图与框图的绘制上,若能把整个图面的整体布局,参照其相应的非电过程流程图的布局而作适当安排,将更便于识读,如图3-4所示。

系统图或框图的布局应清晰明了,易于识别信号的流向。信息流向一般按由左至右、自上而下的顺序排列,此时可不画流向开口箭头,为区分信号的流向,对于流向相反的信号最好在导线上绘制流向开口箭头,如图3-4所示。

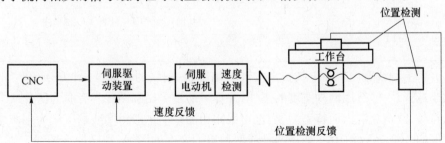

图3-4 数控机床进给伺服系统图

2. 说明与标注

(1)框图中的注释和说明。在框图中,可根据实际需要加注各种形式的注释和说明。注释和说明既可加注在框内,也可加注在框外;既可采用文字,也可采用图形符号;既可根据需要在连接线上标注信号、名称、电平、波形、频率、去向等内容,还可将其集中标注在图中空白处。

(2) 项目代号的标注。在一张系统图或框图中,往往描述了对象的体系、结构和组成的不同层次。采用不同层次绘制系统图或框图,或者在一张图中用框线嵌套来区别不同的层次,或者标注不同层次的项目代号,如图3-1和图3-3(c)所示。

(二) 电气原理图识读

用图形符号并按工作顺序排列,详细表示电路、设备或成套装置的全部基本组成和连接关系,而不考虑其实际位置的简图称为电气原理图。该图是以图形符号代表其实物,以实线表示电性能连接,按电路、设备或成套装置的功能和原理绘制。电气原理图主要用来详细理解电路中设备或其组成部分的工作原理,为测试和寻找故障提供信息,与框图、接线图等配合使用可进一步了解设备的电气性能及装配关系。

电气原理图的绘制规则应符合 GB 6988。

1. 电气原理图中的图线

(1) 图线形式。在电气制图中,一般只使用4种形式的图线,即实线、虚线、点画线和双点画线,其绘制形式和一般应用见表3-1。

表3-1 电气图中图线的形式及一般应用

图线名称	图线形式	一般应用
实线	———————	基本线、简图主要内容用线、可见轮廓线、可见导线
虚线	- - - - - - -	辅助线、屏蔽线、机械连接线、不可见轮廓线、不可见导线、计划扩展内容用线
点画线	— · — · — · —	分界线、结构围框线、功能围框线、分组围框线
双点画线	— · · — · · —	辅助围框线

(2) 图线宽度。在电气技术文件的编制中,图线的粗细可根据图形符号的大小选择,一般选用两种宽度的图线,并尽可能地采用细图线。有时为区分或突出符号,或避免混淆而特别需要,也可采用粗图线。一般粗图线的宽度为细图线宽度的2倍。在绘图中,如需两种或两种以上宽度的图线,则应按细图线宽度2的倍数依次递增选择。

图线的宽度一般从下列数值中选取:0.25mm,0.35mm,0.5mm,0.7mm,1.0mm,1.4mm。

2. 箭头与指引线

(1)箭头。电气简图中的箭头符号有开口箭头和实心箭头两种形式。开口箭头如图3-5(a)所示,主要用于表示能量和信号流的传播方向。实心箭头如图3-5(b)所示,主要用于表示可变性、力和运动方向,以及指引线方向。

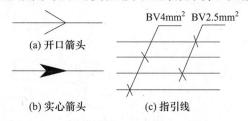

图3-5 电气简图中的箭头和指引线

(2)指引线。指引线主要用于指示注释的对象,采用细实线绘制,其末端指向被注释处。末端在连接线上的指引线,采用在连接线和指引线交点上画一短斜线或箭头表示终止,并允许有多个末端,如图3-5(c)表示自上而下,1、3线为BV 2.5mm²;2、4线为BV 4mm²。

3. 电气原理图的布局方法

电气原理图的布局比较灵活,原则上要求:布局合理,图面清晰,便于读图。

(1)水平布局。即将元件和设备按行布置,使其连接线处于水平布置状态,如图3-6所示。

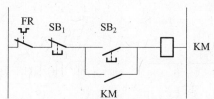

图3-6 水平布局的电气原理图

(2)垂直布局。即将元件和设备按列布置,使其连接线处于垂直布置状态,如图3-7所示。

4. 电气原理图的基本表示方法

(1)按照每根导线的不同含义分为单线表示法和多线表示法。

用一条图线表示两根或两根以上的连接线或导线的方法称为单线表示法,如图3-8(a)所示;每根连接线或导线都用一条图线表示的方法称为多线表示法,如图3-8(b)所示。

(2)按照电气元件各组成部分相对位置分为集中表示法和分开表示法(展开表示法)。

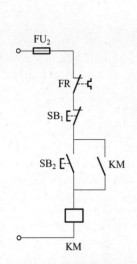
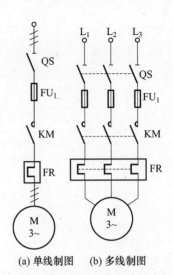

图3-7 垂直布局的电气原理图　　图3-8 电气原理图的单线表示法和多线表示法

集中表示法就是把设备或成套装置中的一个项目各组成部分的图形符号在简图上绘制在一起,如图3-9(a)所示;分开表示法是把一个项目中的某些图形符号在简图中分开布置,并用项目代号表示它们之间的相互关系,如图3-9(b)所示。

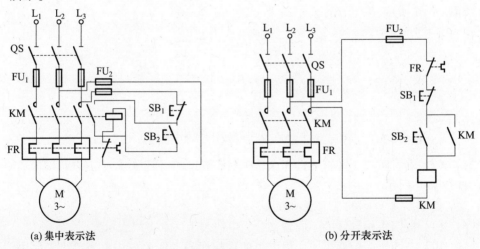

图3-9 电气原理图的集中表示法和分开表示法

5. 电气原理图中可动元件的表示方法

(1) 工作状态。组成部分可动的元件,应按以下规定位置或状态绘制:继电器、接触器等单一稳定状态的手动或机电元件,应表示在非激励或断电状态;断路器、负荷开关和隔离开关应表示在断开(OFF)位置;标有断开(OFF)位置的多个稳定位置的手动控制开关应表示在断开(OFF)位置,未标有断开(OFF)位置的控制开关应表示在图中规定的位置;应急、事故、备用、警告等用途的手动控制开关,应表示在设备正常工作时的位置或其他规定位置。

(2)触点符号的取向。为了与设定的动作方向一致,触点符号的取向应该是:当元件受激时,水平连接线的触点,动作向上;垂直连接线的触点,动作向右。当元件的完整符号中含有机械锁定、阻塞装置、延迟装置等符号时,这一点特别重要。在触点排列复杂而无机械锁定装置的电路中,采用分开表示法时,为使图面布局清晰、减少连接线的交叉,可以改变触点符号的取向。触点符号的取向如图3-10所示。

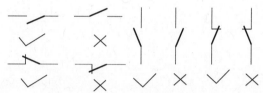

图3-10 触点符号的取向示例

(3)多位开关触点状态的表示方法。对于有多个动作位置的开关,通常采用一般符号加连接表的方法和一般符号加注的方法来表示其触点的通断状态。如图3-11(a)所示为一个具有三个位置三组触点的开关。图中的三条虚线表示开关的三个位置Ⅰ、Ⅱ、Ⅲ,1-2、3-4、5-6表示开关的三组触点。为了表示此开关在Ⅰ、Ⅱ、Ⅲ三个位置时触点1-2、3-4、5-6的通断状态,可以采用图3-11(b)表格的形式,也可采用图3-11(c)的形式。其中图3-11(c)中有黑点代表该黑点对应的触点在该黑点所在位置(虚线)导通。

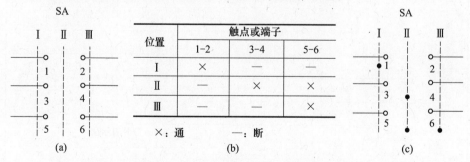

图3-11 多位开关触点状态的表示方法

6. 电气元器件的位置表示

为了准确寻找元器件和设备在图上的位置,可采用表格或插图的方法表示。

(1) 表格法是在采用分开表示法的图中将表格分散绘制在项目的驱动部分下方,在表格中表明该项目其他部分位置,如图 3-12 所示(部分电路);或集中制作一张表格,在表格中表明各项目其他部分位置,集中表格如表 3-2 所列。

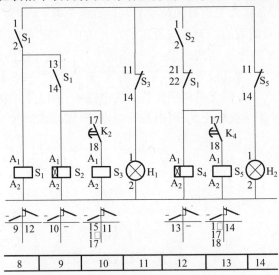

图 3-12 电气元器件的位置表格法图例之一

表 3-2 集中表格表示触点位置

名称	常开触点	常闭触点	位置
KM$_1$	1-2,3-4,5-6		1/2
	13-14		1/7
	23-24		
		11-12	
		21-22	
KM$_2$	1-2,3-4,5-6		1/4
	13-14		1/9
	23-24		
		11-12	
		21-22	

图 3-2 为表格法的形式之一。图 3-12 中 $S_1 \sim S_5$ 线圈下方的十字表格上部一左一右常开、常闭触点表示该器件所属的各种常开、常闭触点;十字表格下部一左一右数字对应表示该器件所属的各种常开、常闭触点所在支路编号。

图3-13(部分电路)为表格法的另一种形式。图中 KM_1 和 KM_2 线圈下方的表格为两条竖杠三个隔间,左中右三个隔间中的数字分别表示 KM_1 和 KM_2 的主触点、辅助常开触点、辅助常闭触点所在支路编号;×表示没有采用的触点。

图3-14所示为表格法的第三种形式——集中表格法。采用集中表格法时,原理展开图驱动线圈下方不设表格,而是将所有驱动设备的触点集中绘制在一张表格中。表中常开、常闭触点栏内的数字表示该设备所有触点的端子编号;位置一栏的数字对应表示左边触点所在的图纸编号和所在页图纸的位置。例如,表3-2中 KM_1 的1-2、3-4、5-6主触点在第1张图的2区;KM_1 的13-14辅助触点在第1张图的7区;KM_1 的23-24、11-12、21-22辅助触点则没有采用。表3-2与图3-13表达同一个内容,但表3-2更详细一些。

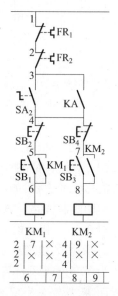

图3-13 电气元器件的位置表格法图例之二

(2)插图法是在采用分开表示法的图中插入若干项目图形,每个项目图形绘制有该项目驱动元件和触点端子位置号等。图3-14为采用插图法表示表3-2的内容。

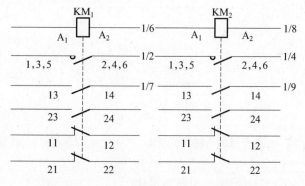

图3-14 电气元器件的位置表示法图例之三

插图一般布置在原理展开图的任何一边的空白处,甚至可另外绘制在图纸上。

7. 电气原理图中连接线的表示方法

连接线是用来表示设备中各组成部分或元器件之间的连接关系的直线,如电气图中的导线、电缆线、信号通路及元器件、设备的引线等。在绘制电气图时,连接线一般采用实线绘制,无线电信号通路一般采用虚线绘制。

1) 连接线的一般表示方法

(1) 导线的一般符号。图3-15(a)所示为导线的一般符号,可用于表示一根导线、导线组、电缆、总线等。

(2) 导线根数的表示方法。当用单线制表示一组导线时,需标出导线根数,可采用如图3-15(b)所示方法;若导线少于4根,可采用如图3-15(c)所示方法,一撇表示一根导线。

(3) 导线特征的标注。导线特征通常采用符号标注,即在横线上面或下面标出需标注的内容,如电流种类、配电制式、频率和电压等。图3-15(d)表示一组三相四线制线路。该线路额定线电压380V,额定相电压220V,频率为50Hz,由3根$6mm^2$和1根$4mm^2$的铝芯橡皮导线组成。

2) 图线的粗细表示

为了突出或区分某些重要的电路,连接导线可采用不同宽度的图线表示。一般而言,需要突出或区分的某些重要电路采用粗图线表示,如电源电路、一次电路、主信号通路等,其余部分则采用细实线表示。

3) 连接线接点的表示方法

如图3-16所示,T形连接线的接点可不点圆点;十字连接线的接点必须点圆点,否则表示不连接。

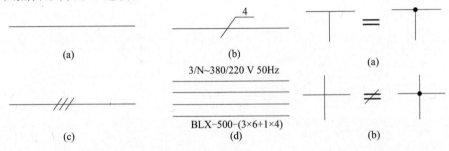

图3-15 连接导线的一般表示方法　　图3-16 连接线接点的表示方法

4) 连接线的连续表示法和中断表示法

(1) 连续表示法。电路图连接线大都采用连续线表示。

(2) 中断表示法及其标记。如图3-17所示,采用中断表示法是简化连接线作图的一个重要手段。当穿越图面的连接线较长或穿越稠密区域时,允许将连接线中断,并在中断处加注相应的标记,以表示其连接关系,如图3-17(a)所示,L与L应当相连;对去向相同线组的中断,应在相应的线组末端加注适当的标记,如图3-17(b)所示;当一条图线需要连接到另外的图上时,必须采用中断线表示,同时应在中断线的末端相互标出识别标记,如图3-17(c)所示,第23张图的L线应连接到第24张图的A4区的L线;第24张图的L线应连接到第23张图的C5区的L线。其余连线道理一样,请读者自行分析。

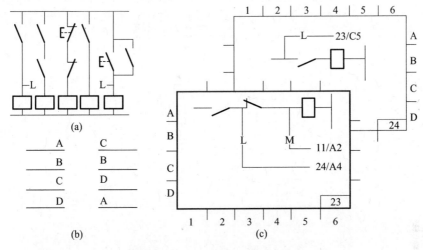

图3-17 连接线的中断表示法

（三）机床电气元件布置图识读

电气元件布置图主要用来表示电气设备位置,是机电设备制造、安装和维修必不可少的技术文件。布置图根据设备的复杂程度或集中绘制在一张图上,或分别绘出;绘制布置图时,所有可见的和需要表达清楚的电气元件及设备按相同的比例,用粗实线绘出其简单的外形轮廓并标注项目代号;电气元件及设备代号必须与有关电路图和清单上所用的代号一致;绘制的布置图必须标注出全部定位图尺寸。图3-18为某普通车床的电器布置图。

（四）机床电气接线图识读

接线图是在电路图、位置图等图的基础上绘制和编制出来的,主要用于电气设备及电气线路的安装接线、线路检查、维修和故障处理。在实际工作中,接线图常与电路原理图、位置图配合使用。为了进一步说明问题,有时还要绘制一个关于接线图的表格即接线表。接线图和接线表可以单独使用,也可以组合使用。一般以接线图为主,接线表给予补充。

按照功能的不同,接线图和接线表可分为单元接线图和单元接线表、互连接线图和互连接线表。图3-18所示为某普通车床的电器布置图,其中电路连接主要分为互连接线图和端子接线图三种形式。

1. 单元接线图

单元接线图应提供一个结构单元或单元组内部连接所需的全部信息,如

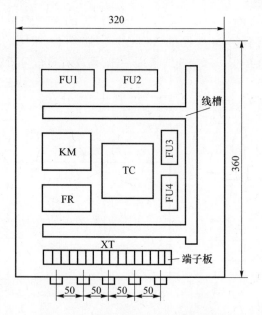

图 3-18 某普通车床的电器布置图

图 3-19 所示。其中图 3-19(a)为多线制连续线表示的单元接线图;图 3-19(b)为单线制连续线表示的单元接线图;图 3-19(c)为中断线表示的单元接线图。图中有两种数字,导线上所标数字为线号;矩形实线框内所标数字为设备端子号。中断线表示的单元接线图采用了远端标记法和独立标记法相结合的混合标记法,即导线上既标注线号(独立标记法),又标注对方的端子号(远端标记法)。"-K22"等为项目种类代号。

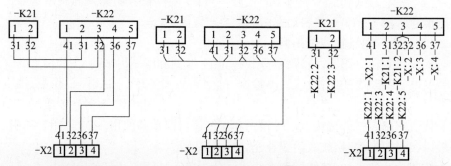

(a) 多线制连续线表示的单元接线图　(b) 单线制连续线表示的单元接线图　(c) 中断线表示的单元接线图

图 3-19 单元接线图

2. 互连接线图

互连接线图应提供不同结构单元之间连接的所需信息。图 3-20(a)为单线制连续线表示的互连接线图;图3-20(b)为中断线表示的互连接线图。图中"-W101"等为连接电缆号;"3×1.5"等为连接电缆芯线使用根数3及其缆芯截面积1.5mm^2;"+D"等为单元位置代号。

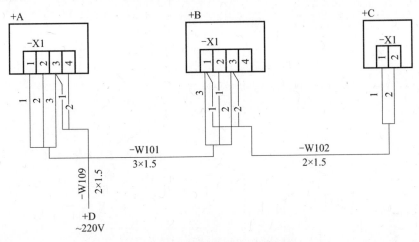

(a) 单线制连续线表示的互连接线图

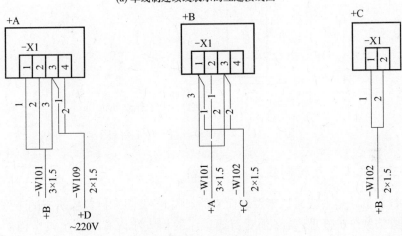

(b) 中断线表示的互连接线图

图3-20 互连接线图

3. 端子接线图

端子接线图应提供一个结构单元与外部设备连接所需的信息。端子接线图一般不包括单元或设备的内部连接,但可提供有关的位置信息。对于较小的系统,经常将端子接线图与互连接线图合而为一。

图3-21为某机电设备端子电气接线图。图中标明了机床主板接线端与外

部电源进线、按钮板、照明灯、电动机之间的连接关系,也标注了穿线用包塑金属软管的直径和长度,连接导线的根数、截面及颜色等。

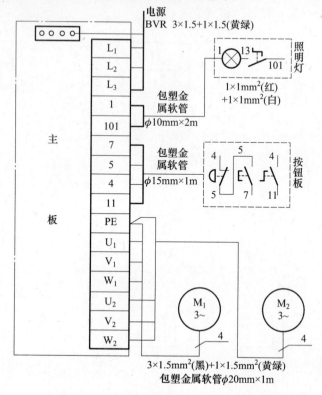

图3-21 某机电设备端子电气接线图

三、机床电气控制线路分析基础

数控机床是由普通机床发展而来的。因此,要想掌握数控机床的工作原理、使用方法和维护修理,就必须对普通机床的相应知识有一个比较全面的了解。学习普通机床知识,不仅需要掌握继电接触器基本控制环节和电路的安装调试,还要学会阅读、分析普通机床设备说明书和电气控制电路。

(一)阅读设备说明书

设备说明书由机械与电气两大部分组成。通过阅读设备说明书,可以了解以下内容:

(1)设备的构造,主要技术指标,机械、液压、气动部分的工作原理。

(2)电气传动方式,电动机、执行电器等数目、规格型号、安装位置、用途及控制要求。

(3) 设备的使用方法,各操作手柄、开关、旋钮、指示装置等的布置以及在控制电路中的作用。

(4) 与机械、液压、气动部分直接关联的电器(行程开关、电磁阀、电磁离合器、传感器等)的位置、工作状态及其与机械、液压部分的关系,在控制中的作用等。

(二) 分析电气控制电路图

电气控制电路图包括电气控制原理图、电气设备位置图、接线图等。其中电气控制原理图由主电路、控制电路、辅助电路、保护及联锁环节以及特殊控制电路等部分组成,这部分是电路分析的主要内容。

在分析电气控制原理图时,必须与电气设备位置图、接线图和设备说明书结合起来,最好与实物对照进行阅读才能得到更好的效果。

在分析电气控制原理图时,要特别留意电气元件的技术参数和技术指标,各部分的电流、电压值,以便在调试或检修中合理地使用仪表。

电气控制原理图分析的一般方法与步骤如下:

(1) 主电路分析。通过主电路分析,确定电动机和执行元件动作、转向控制、调速、制动等控制方式。

(2) 控制电路分析。根据主电路分析得出的电动机和执行元件的控制方式,在控制电路中逐一找出对应的控制环节电路,"化整为零"。然后对这些"零碎"的局部控制电路逐一进行分析。

(3) 辅助电路分析。辅助电路包括设备的工作状态显示、电源显示、参数测定、照明和故障报警等部分。辅助电路与控制电路有着密不可分的联系,所以在分析辅助电路时,要与控制电路对照进行。

(4) 联锁与保护环节分析。生产机械对于安全性、可靠性有很高的要求。电气联锁和电气保护环节是保证这一要求的重要内容,这部分分析不可忽视。

最后统观全局,检查整个控制电路,查看是否有遗漏。特别是从整体角度理解各控制环节之间的联系,以达到全面理解的目的。

(三) 分析电路图注意事项

(1) 根据电气原理图,对机床电气控制原理加以分析研究,将控制原理读通读透,尤其是每种机床的电路特点要加以掌握。有些机床电气控制不只是单纯的机械和电气相互控制关系,而是由电气-机械(或液压)-液压(或机械)-电气循环控制,这样就为电气故障检修带来较大难度。

(2) 对于电气安装接线图的掌握也是电气检修的重要组成部分。单纯掌握电气工作原理,而不清楚线路走向、电气元件的安装位置、操作方式等,就不可能顺利地完成检修工作。因为有些电气线控制开关不是装在机床的外部,而是装在机床内部,例如 CD6145B 型车床的位置开关 SQ_5 在主传动电动机防护罩内安装,

SQ_2 脚踏刹车开关在前床腿内安装,不易发现。因此,在平时就应将情况摸清。

(3) 有些机床生产厂家随机带来的图纸与机床实际线路在个别地方不相吻合,还有的图纸不够清晰等,需要在平时发现改正。检修前对电气安装接线图实地对照检查,实际上也是一个学习和掌握新知识、新技能的过程,因为各种机床使用的电气元件不尽相同,尤其是电器产品不断更新换代,所以,对新电气元件的了解和掌握,以及平时熟悉电气安装接线图对检修工作是大有好处的。

(4) 在检修中,检修人员应具备由实物到图和由图到实物的分析能力,因为在检修过程中分析故障会经常对电路中的某一个点或某一条线来加以分析判别与故障现象的关系,这些能力是靠平时经常锻炼才能掌握的,所以,检修人员对电路图的掌握是检修工作至关重要的一环。

技能训练八　CA650 卧式车床电气控制线路图、接线图和布置图的识读

(1) 通过对前面电气识图知识的学习,认真识读图 3-22,用虚线画出电源电路、主电路、控制电路、指示电路和照明电路。

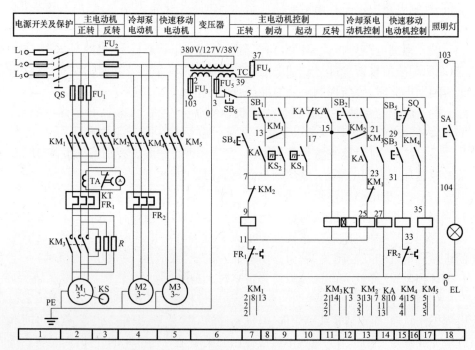

图 3-22　CA650 型车床电气原理图

(2) 分别指出三台电动机的主电路和控制电路。

(3) 指出各个接触器 KM 的线圈、触头分别在哪个图区,各起什么作用,有哪些触头未用。

(4) 对照图 3-22 电路图,识读图 3-23 接线图,解释下列各符号:G32 3×4.0、2.2-ϕ10JG-3×1.5、5-ϕ10SG-BVR-0.75。

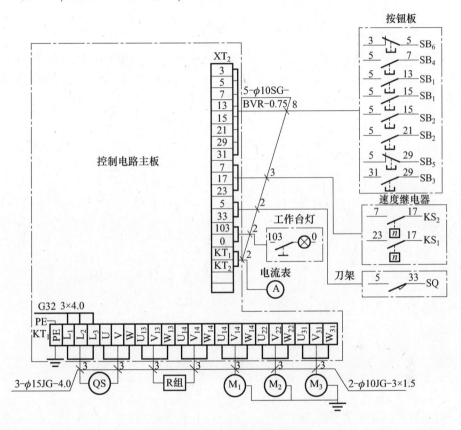

图 3-23　C650 型车床接线图

任务二　电动机的点动与长动正转控制电路

电气控制系统是由若干基本电路组成的,而基本电路又是由若干基本环节构成。三相笼型异步电动机由于结构简单、价格便宜和坚固耐用等诸多优点,获得了广泛的应用。其控制电器大多由继电器、接触器和按钮等有触点电器组成。起动控制有直接(全压)起动和减压起动两种方式,本任务基于三相笼型异步电动机的控制介绍直接起动的点动控制电路。

一、点动控制的正转控制电路

所谓点动,即手动按下按钮时,电动机运转工作;手动松开按钮时,电动机停止工作。某些生产过程中,如张紧器、电动葫芦等常要求此类实时控制,它能实现电动机短时转动,整个运行过程完全由操作人员决定。

(一)电路的构成

点动控制电路原理图如图 3-24 所示。主电路由三相电源开关 Q、熔断器 FU_1、交流接触器 KM 的动合主触点和笼型电动机 M 组成;控制电路由熔断器 FU_2、起动按钮 SB 和交流接触器线圈 KM 组成。

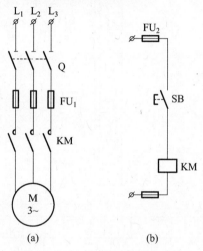

图 3-24 点动控制电路原理图

(二)电路的工作过程

先接通三相电源开关 Q。

起动过程:按下 SB→KM 线圈得电→KM 主触点闭合→电动机 M 通电运转。

停机过程:松开 SB→KM 线圈失电→KM 主触点断开→电动机 M 断电停止运转。

从以上分析可知,当按下按钮时电动机转动,而松开按钮时电动机就停止转动,这种控制就称为点动控制。点动控制多用于短时转动的场合,如机床的对刀调整和车床拖板的快速短暂移动等。

二、长动控制的正转控制电路

长动控制电路原理图如图 3-25 所示。在实际应用中经常要求电动机能够长时间转动,也就是连续控制。

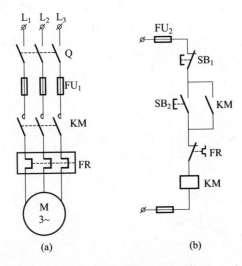

图 3-25 长动控制电路原理图

（一）电路的构成

主电路由电源开关 Q、熔断器 FU_1、交流接触器 KM 动合主触点、热继电器 FR 发热元件和电动机 M 构成；控制电路由熔断器 FU_2、起动按钮 SB_2、停止按钮 SB_1、交流接触器 KM 的动合辅助触点、热继电器 FR 的动断触点和交流接触器线圈 KM 组成。

（二）电路的工作过程

先接通三相电源开关 Q。

起动过程：按下 SB_2→KM 线圈得电→KM 主触点闭合（同时与 SB_2 并联的 KM 动合辅助触点闭合）→电动机 M 通电运转。当松开 SB_2 时, KM 线圈仍可通过与 SB_2 并联的 KM 动合辅助触点保持通电, 从而使电动机连续转动。这种依靠接触器自身的辅助触点保持线圈通电的电路称为自锁(自保)电路。起到自锁作用的动合辅助触点称自锁触点。

停机过程：按下 SB_1→KM 线圈失电→KM 主触点、辅助触点断开→电动机断电停止运转。

三、既能长动又能点动的控制电路

既能长动又能点动的控制电路原理图如图 3-26 所示。在实际应用中经常要求电动机既能够自锁长时间转动,也能进行点动控制。

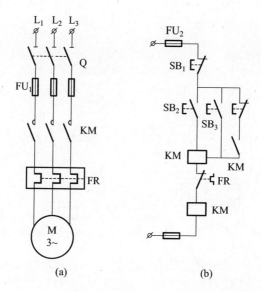

图3-26 既能长动又能点动的控制电路原理图

(一)电路的构成

主电路由电源开关Q、熔断器FU_1、交流接触器KM动合主触点、热继电器FR发热元件和电动机M构成;控制电路由熔断器FU_2、停止按钮SB_1、点动按钮SB_2、长动按钮SB_3、交流接触器KM的动合辅助触点、热继电器FR的动断触点和交流接触器线圈KM组成。

(二)电路的工作过程

先接通三相电源开关Q。

1. 控制过程

(1)长动的控制过程:按下SB_2→KM线圈得电→KM主触点闭合(与复合按钮SB_3动断触点串联的KM动合辅助触点闭合)→电动机M通电运转。当松开SB_2时,KM线圈仍可通过与SB_2并联的KM动合辅助触点保持通电,从而使电动机连续转动。

(2)点动的控制过程:按下SB_3→KM线圈得电→KM主触点闭合(同时复合按钮SB_3的动断触点断开)→电动机M通电运转。当松开SB_2时,KM线圈失电,KM动合辅助触点也断开,未形成自锁,电动机停止转动,从而实现电动机的点动控制。

2. 停机过程

在长动的情况下,按下SB_1→KM线圈失电→KM主触点、辅助触点断开→电动机断电停止运转。

拓展内容

控制电器原理图如图3-27和图3-28所示。

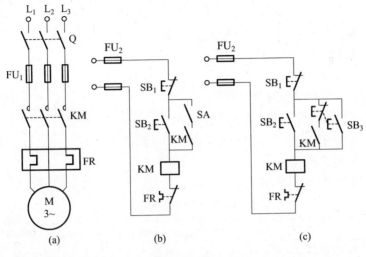

图3-27

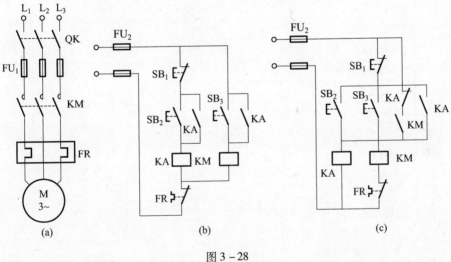

图3-28

技能训练九 三相异步电动机点动与长动混合正转控制实训

一、实训内容

(1) 主板及外围元器件的安装。

(2)主板线槽配线(软线)操作。
(3)外围设备、元器件内部接线操作。
(4)主板与外围设备及元器件互连接线操作。
(5)通电试车。

二、参考电路图

(1)电气原理图如图3-29所示。
(2)主板元器件布置图如图3-30所示。
(3)主板内部接线图如图3-31所示。
(4)主板与外部设备互连接线图如图3-32所示。

三、实训器材、工具

常用实训器材、工具如表3-3所列。

表3-3 实训器材、工具

序号	名称	型号与规格	单位	数量/套	备注
1	带单相、三相交流电源工位	自定	台	1	
2	网孔板	600mm×500mm	块	1	
3	U形导轨	标准导轨	m	2	
4	带帽自攻螺丝	M3×8	个	100	
5	PVC配线槽	25mm×25mm	根	2	
6	软铜导线	BRV-1.5,BRV-0.75	m	若干	
7	卷式结束带		m	若干	
8	OM线号管		m	若干	
9	三相异步电动机	YS-5034 60W 380V	台	1	
10	断路器	DZ47-63,三极	个	1	
11	熔断器	RT18-32,5A,2A	个	5	
12	交流接触器	LC1 D0910 F4-11 10A	个	2	
13	热继电器	JR16	个	1	
14	按钮	LA42	个	3	
15	端子排	E-UK-5N(600V,40A)	片	20	
16	电工通用工具	验电笔、螺丝刀(包括十字口螺丝刀、一字口螺丝刀)、电工刀、尖嘴钳、斜尖嘴钳、剥线钳等	套	1	
17	万用表	自定	块	1	
18	盒尺	1m	个	1	

(续)

序号	名称	型号与规格	单位	数量/套	备注
19	手锯弓、锯条		套	1	
20	线号打印机		台	1	
21	配线槽剪刀		把	1	

四、实训步骤及要求

(1) 识读参考电路原理图(图3-29),熟悉线路的工作原理。

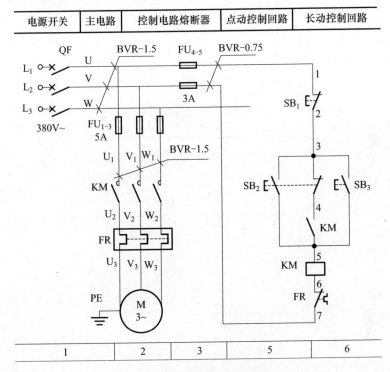

图3-29 电动机点动控制电路原理图

(2) 明确线路所用器件、材料及作用,清点所用器件、材料并进行检验。

(3) 在网孔板上按参考元器件布置图(图3-30)试着摆放电气元件(可根据实际情况适当调整布局)。用盒尺量取U形导轨合适的长度,用钢锯截取;用盒尺量取PVC配线槽合适的长度,用配线槽剪刀截取。安装主板U形导轨、配线槽及电气元件,并在主要电气元件上贴上醒目的文字符号。

(4) 按参考主板内部接线图(图3-31)的走线方法(也可合理改进)进行主板板前线槽布线,并在导线两头套上打好号的线号套管。

(5) 接电动机、按钮箱内部接线端子连线。

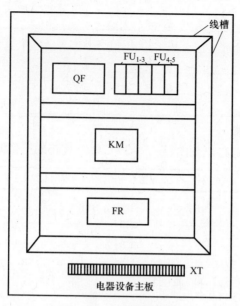

图 3-30 元器件布置图

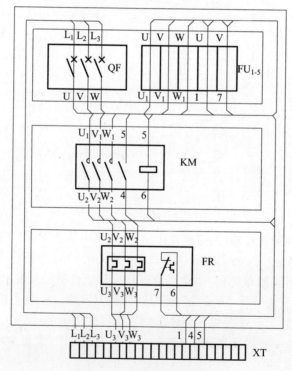

图 3-31 主板内部接线图

(6) 按外部互连接线图(图3-32)连接主板与电源、电动机、按钮箱等外部设备的导线(导线用卷式结束带卷束)。

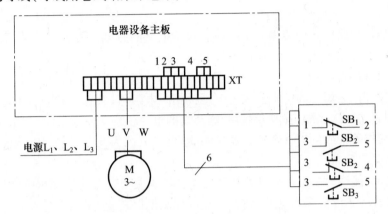

图3-32 外部互连接线图

(7) 安装完毕后,必须经过感观和仪表认真检查,确认无误后方可通电试车。

五、注意事项

(1) 电动机及按钮的金属外壳必须可靠接地。

(2) 接至电动机的导线必须穿在导线卷式结束带内加以保护,或采用坚韧的四芯橡皮线或塑料护套线。

(3) 按钮内接线时,用力不可过猛,以防螺钉打滑。

(4) 上下安装的断路器、熔断器、接触器、热继电器受电端应在上侧,下侧接负载。

(5) 各元件的安装位置应整齐、匀称,间距合理,便于元件的更换。

(6) 紧固各元件时,要用力均匀、谨慎,紧固程度适当,以免损坏;接线时,用力不可过猛,以防螺钉打滑。

(7) 布线通道尽可能少,同路并行导线尽量按主、控电路分开,分不开的,要将发热多的导线置于线槽顶端,以利散热。

(8) 同一平面的导线应尽量高低一致,避免交叉。

(9) 布线时严禁损伤线芯和导线绝缘,必要时软铜导线线头上锡或连接专用端子(俗称"线鼻子")。

(10) 在每根剥去绝缘层导线的两端套上事先打好号的线号套管。

(11) 所有从一个接线端子到另外一个接线端子的导线必须连续,中间无接头。

(12) 导线与接线端子或接线桩连接时,不得压绝缘层,也不能露铜过长。

(13) 每个电气元件接线端子上的连接导线不得多于两根。

(14) 每节接线端子板上的连接导线不得超过两根,若超过两根,应采用短导线例接到另外空端子上引出。

(15) 线路检查应遵循先主电路后控制电路的原则。常态下取下控制熔断器熔芯、断开电动机,主电路无论哪一段三相之间用万用表检测的电阻值均为∞。人为按下接触器后三相之间电阻值仍为∞,但接通电动机后人为按下其中一个接触器,三相之间电阻值应为电动机相间电阻值;常态下检查控制电路时,用万用表×1kΩ挡测得的控制熔断器两端的电阻值应为∞,按下正转起动按钮后,读数应等于或接近一个接触器线圈的阻值,大约为几十欧姆,按下停车按钮后阻值又回到0。

(16) 接线时主电路的两个接触器上部接线端子应为左左、中中、右右连接,下部接线端子应为左右、中中、右左连接;控制电路双重互锁、自锁一定要看清,不得接错。

(17) 通电试车前,必须征得指导教师同意,由指导教师接通三相电源总开关,并在现场监护。学生合上电源开关 QF 后,用验电笔检查电源是否接通。按下正转点动起动按钮,观察接触器吸合情况是否正常,电动机运行是否正常,再按下停车按钮,检查电动机是否正常停车。

(18) 出现故障后,学生应在指导教师的监护下独立进行检修。

(19) 通电试车完毕后先切断电源,然后拆除电源线,再从主板上拆除电动机线接头。

六、成绩评定

考核及评分标准见表 3-4。

表 3-4 考核及评分标准

序号	考核项目	考核要求	评分标准	配分	扣分	得分
1	器件检查	(1) 核对器材、工具数目; (2) 检查元器件质量	(1) 不做器件检查扣10分; (2) 只做考核要求其中一项的扣5分; (3) 检查不到位每处扣0.5分	10		
2	器件布局	(1) 合理量裁 U 形导轨和 PVC 线槽; (2) 合理布局电气元器件	(1) 量裁 U 形导轨和 PVC 线槽尺寸、形状不合理扣3分; (2) 电气元器件布局不合理每处扣0.5分	10		

(续)

序号	考核项目	考核要求	评分标准	配分	扣分	得分
3	器件安装	(1) 正确安装U形导轨和PVC线槽； (2) 牢固正确安装主板电气元器件； (3) 正确安装外围电气设备	(1) 器件安装不牢固每只扣2分； (2) 器件安装错误每只扣5分； (3) 安装不整齐、不匀称每只扣1分； (4) 元件损坏每件扣15分	20		
4	接线	(1) 按参考接线图正确接线； (2) 接线应符合有关GB要求	(1) 不按接线图接线扣10分； (2) 错、漏、多接1根线扣5分； (3) 违反规程(如本节"五、注意事项")每处扣5分； (4) 按钮开关颜色错误扣5分； (5) 主控导线使用错误，每根扣3分； (6) 配线不美观、不整齐、不合理,每处扣2分； (7) 漏接接地线扣10分	40		
5	试车	正确试车	(1) 违反规程(如本节"五、注意事项")试车扣20分； (2) 一次试车不成功扣15分； (3) 检查改正后二次试车不成功扣20分	20		
6	其他	(1) 安全文明生产； (2) 工时	(1) 违反安全文明生产每处扣5分,扣完为止； (2) 额定工时120min,每超10min扣10分,最长工时不得超过150min			

任务三 电动机的正反转控制电路

在生产实践中经常需要电动机能正反转,例如机床工作台的前进和后退、主轴的正转与反转、摇臂钻床摇臂的上升和下降、起重机吊钩的上升和下降等。控制电动机的正反转,可以通过改变输入三相电源相序的方法实现,只需将接至交流电动机的三相电源进线中的任意两相对调,即可实现反转。

一、手动控制的正反转控制电路

(一) 组合开关(倒顺开关)控制电路

组合开关(倒顺开关)是一种专门用于对小功率三相异步电动机进行正、反转控制的电器,其触点系统无灭弧装置,因此只能用于5.5kW以下三相异步电动机。控制电路如图3-33(a)所示,当开关SA手柄在位置Ⅰ时,触点3与4接通,5与6接通,电动机正转。当SA手柄在位置Ⅱ时,触点均断开,电动机停转。在位置Ⅲ时,触点1与2接通,7与8接通,电动机反转。

(二) 万能转换开关控制电路

万能转换开关电路图和触点闭合表如图3-33(b)、(c)所示。当开关手柄由中间零位右旋45°,触点1-2、触点3-4、触点7-8及触点9-10闭合,此时电源L_1接U相绕组,L_2接V相绕组,L_3接W相绕组,电动机正转。若开关手柄左旋45°,则电动机反转。用手动开关控制电动机正、反转时,正反换向操作速度不宜太快,以免造成电流冲击而影响使用寿命。

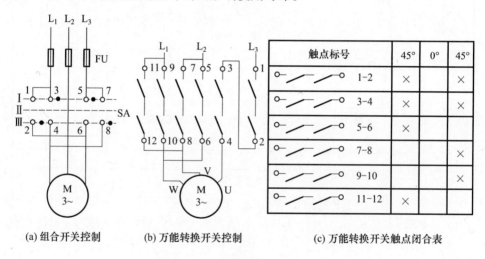

(a) 组合开关控制　　(b) 万能转换开关控制　　(c) 万能转换开关触点闭合表

图3-33　手动控制开关触点图

二、接触器联锁的正反转控制电路

图3-34所示为最简单的接触器控制电动机正反转电路。

(一) 电路的构成

主电路:由三相电源开关QS、熔断器FU、正转交流接触器KM_1动合主触点、反转交流接触器KM_2动合主触点和三相交流笼型电动机M组成。

控制电路:由起动按钮 SB_1、停止按钮 SB_2、热继电器 FR、正反转交流接触器线圈 KM_1、KM_2 及其动合常开触点组成。

(二)电路的工作过程

起动:按下正转(反转)按钮 SB_1(SB_2)→正(反)转交流接触器 KM_1(KM_2)线圈得电→主电路正(反)转交流接触器 KM_1(KM_2)动合主触点闭合→M 开始转动,同时 KM_1(KM_2)动合辅助触点闭合自锁。

停止:按下停止按钮 SB_3→正(反)转交流接触器 KM_1(KM_2)线圈失电→主电路正(反)转交流接触器 KM_1(KM_2)动合主触点断开→电动机停机。

(三)不同的正反转控制电路分析

1. 最简单接触器控制的正反转电路

图 3-34 所示电路中无任何联锁,电动机在进行正反转换接时,必须先按停止按钮,使电动机停止后,才允许反方向接通,若两个接触器 KM_1、KM_2 同时通电,则造成相间短路事故。

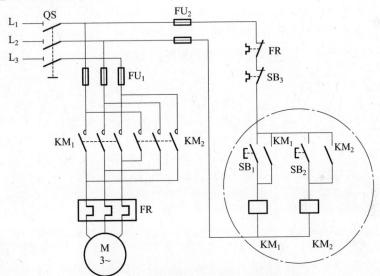

图 3-34 接触器控制电动机正反转电路

由于该电路工作时可靠性很差,一旦出现误操作(例如,同时按下 SB_2 和 SB_1 或电动机换向时不经停止按钮 SB_3 而直接进行换向操作)时,就会发生相间短路,因此该电路不能应用于实际控制。

2. 有互锁的正反转控制电路

要避免出现两相电源短路,必须使 KM_1 和 KM_2 两个接触器在任何时候只能接通其中一个,因此在接通其中一个之后就要设法保证另一个不能接通。这种相互制约的控制称为"互锁"(或联锁)控制。

常用的互锁电路有接触器互锁电路、按钮互锁电路和接触器按钮双重互锁电路,如图3-35所示。

图3-35(a)所示为接触器互锁电路。该电路由于进行了接触器互锁,避免了由于误操作和接触器触点熔焊而可能引发的相间短路事故,使电路的可靠性大大增加。但该电路不能对电动机进行直接正反转操作。这种线路的主要缺点是操作不方便,为了实现其正反转,必须按下停止按钮,然后再按起动按钮,这样难以提高劳动生产率。这种工作方式为"正转-停止-反转",主要用于无须直接正反转换接的场合。

接触器互锁或联锁是保证电路可靠性和安全性而采取的重要措施,在控制电路中,当几个线圈不允许同时通电时,这些线圈之间必须进行触点互锁;否则,电路可能会因为误操作或触点熔焊等原因而引发更大事故。

图3-35(b)所示为按钮互锁控制电路。该电路没有进行接触器互锁,一旦运行时接触器主触点熔焊,而这种故障又无法在电动机运行时判断出来,此时若再进行直接正反转换接操作,将引起主电路电源短路。由于该电路存在上述缺陷,安全性和可靠性较差,因此很少用于实际控制。

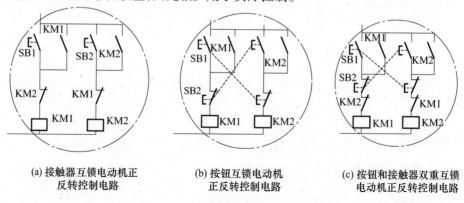

(a) 接触器互锁电动机正反转控制电路　　(b) 按钮互锁电动机正反转控制电路　　(c) 按钮和接触器双重互锁电动机正反转控制电路

图3-35　接触器控制电动机正反转电路

图3-35(c)所示为在按钮互锁的基础上增加了接触器互锁后构成双重互锁控制电路。由于采用接触器互锁,从而保证了两个接触器线圈不能同时通电,使电路的可靠性和安全性增加,同时又保留了正反转直接操作的优点,因而使用广泛。

图3-35所示电路中,在直接对电动机进行反向换接操作时,电动机有短时的反接制动过程,此时会有很大的制动电流出现,因此,正反转换接操作不要过于频繁。这种控制电路不适合用来控制容量较大的电动机。

技能训练十 机床按钮和接触器双重联锁的正反转控制实训

一、实训内容

(1) 主板及外围元器件的安装。

(2) 主板线槽配线(软线)操作。

(3) 外围设备、元器件内部接线操作。

(4) 主板与外围设备及元器件互连接线操作。

(5) 通电试车。

二、参考电路图

(1) 电气原理图如图 3-36 所示。

(2) 主板元器件布置图如图 3-37 所示。

(3) 主板内部接线图如图 3-38 所示。

(4) 主板与外部设备互连接线图如图 3-39 所示。

三、实训器材、工具

常用实训器材、工具如表 3-5 所列。

表 3-5 实训器材、工具

序号	名称	型号与规格	单位	数量/套	备注
1	带单相、三相交流电源工位	自定	台	1	
2	网孔板	600mm×500mm	块	1	
3	U形导轨	标准导轨	m	2	
4	带帽自攻螺丝	M3×8	个	100	
5	PVC 配线槽	25×25	根	2	
6	软铜导线	BRV-1.5,BRV-0.75	m	若干	
7	卷式结束带		m	若干	
8	OM 线号管		m	若干	
9	三相异步电动机	YS-5034,60W,380V	台	1	
10	断路器	DZ47-63,三极	个	1	
11	熔断器	RT18-32,5A,2A	个	5	
12	交流接触器	LC1 D0910 F4-11 10A	个	2	
13	热继电器	JR16	个	1	
14	按钮	LA42	个	3	
15	端子排	E-UK-5N(600V,40A)	片	20	

(续)

序号	名称	型号与规格	单位	数量/套	备注
16	电工通用工具	验电笔、螺丝刀(包括十字口螺丝刀、一字口螺丝刀)、电工刀、尖嘴钳、斜尖嘴钳、剥线钳等	套	1	
17	万用表	自定	块	1	
18	盒尺	1m	个	1	
19	手锯弓、锯条		套	1	
20	线号打印机		台	1	
21	配线槽剪刀		把	1	

四、实训步骤及要求

（1）识读参考电路原理图(图3-36)，熟悉线路的工作原理。

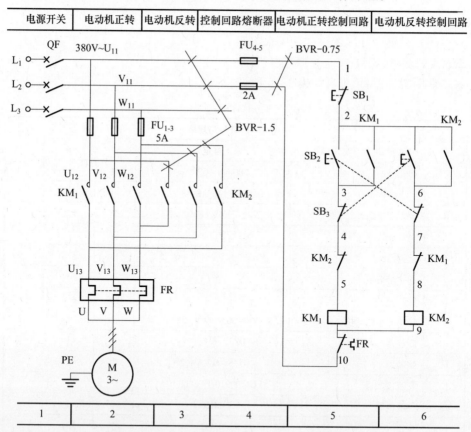

图3-36 电动机正反转(互锁环节)原理电路

(2)明确线路所用器件、材料及作用,清点所用器件、材料并进行检验。

(3)在网孔板上按参考元器件布置图(图3-37)试着摆放电气元件(可根据实际情况适当调整布局)。用盒尺量取U形导轨合适的长度,用钢锯截取;用盒尺量取PVC配线槽合适的长度,用配线槽剪刀截取。安装主板U形导轨、配线槽及电气元件,并在主要电气元件上贴上醒目的文字符号。

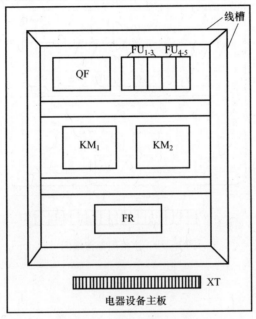

图3-37 元器件布置图

(4)按参考主板内部接线图(图3-38)的走线方法(也可合理改进)进行主板板前线槽布线并在导线两头套上打好号的线号套管。

(5)接电动机、按钮箱内部接线端子连线。

(6)按外部互连接线图(图3-39)连接主板与电源、电动机、按钮箱等外部设备的导线(导线用卷式结束带卷束)。

(7)安装完毕后,必须经过感观和仪表认真检查,确认无误后方可通电试车。

五、注意事项

(1)电动机及按钮的金属外壳必须可靠接地。

(2)接至电动机的导线必须穿在导线卷式结束带内加以保护,或采用坚韧的四芯橡皮线或塑料护套线。

(3)按钮内接线时,用力不可过猛,以防螺钉打滑。

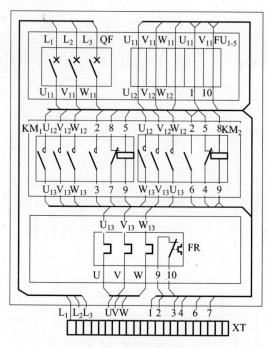

图 3-38 主板内部接线图

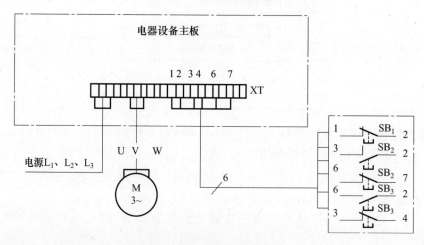

图 3-39 外部互连接线图

(4) 上下安装的断路器、熔断器、接触器、热继电器受电端应在上侧,下侧接负载。

(5) 各元件的安装位置应整齐、匀称,间距合理,便于元件的更换。

(6) 紧固各元件时,要用力均匀、谨慎,紧固程度适当,以免损坏;接线时,用力不可过猛,以防螺钉打滑。

(7) 布线通道尽可能少,同路并行导线尽量按主、控电路分开,分不开的,要将发热多的导线置于线槽顶端,以利散热。

(8) 同一平面的导线应尽量高低一致,避免交叉。

(9) 布线时严禁损伤线芯和导线绝缘,必要时软铜导线线头上锡或连接专用端子(俗称"线鼻子")。

(10) 在每根剥去绝缘层导线的两端套上事先打好号的线号套管。

(11) 所有从一个接线端子到另外一个接线端子的导线必须连续,中间无接头。

(12) 导线与接线端子或接线桩连接时,不得压绝缘层,也不能露铜过长。

(13) 每个电气元件接线端子上的连接导线不得多于两根。

(14) 每节接线端子板上的连接导线不得超过两根,若超过两根,应采用短导线接到另外空端子上引出。

(15) 线路检查应遵循先主电路后控制电路的原则。常态下取下控制熔断器熔芯、断开电动机,主电路无论哪一段三相之间用万用表检测的电阻值均为∞。手动按下接触器后三相之间电阻值仍为∞,但接通电动机后手动按下其中一个接触器,三相之间电阻值应为电动机相间电阻值;常态下检查控制电路时,用万用表×1k欧姆挡测得的控制熔断器两端的电阻值应为∞,按下正转或反转起动按钮后,读数应等于或接近一个接触器线圈的阻值,约为几十欧姆,同时按下停车按钮或另外一个起动按钮后阻值又回到0。

(16) 接线时主电路的两个接触器上部接线端子应为左左、中中、右右连接,下部接线端子应为左右、中中、右左连接;控制电路双重互锁、自锁一定要看清,不得接错。

(17) 通电试车前,必须征得指导教师同意,由指导教师接通三相电源总开关,并在现场监护。学生合上电源开关 QF 后,用验电笔检查电源是否接通。按下正转起动按钮,观察接触器吸合情况是否正常,电动机运行是否正常,再按下停车按钮,观察电动机是否正常停车;按下反转起动按钮,观察接触器吸合情况是否正常,电动机是否反转,再按下停车按钮,观察电动机是否正常停车;按下正转起动按钮,电动机运行正常后,再直接按下反转按钮,观察电动机是否反转。

(18) 出现故障后,学生应在指导教师的监护下独立进行检修。

(19) 通电试车完毕后先切断电源,然后拆除电源线.再从主板上拆除电动机线接头。

六、成绩评定

考核及评分标准如表 3-6 所列。

表 3-6 考核及评分标准

序号	考核项目	考核要求	评分标准	配分	扣分	得分
1	器件检查	(1) 核对器材、工具数目； (2) 检查元器件质量	(1) 不做器件检查扣 10 分； (2) 只做考核要求其中一项的扣 5 分； (3) 检查不到位每处扣 0.5 分	10		
2	器件布局	(1) 合理量裁 U 形导轨和 PVC 线槽； (2) 合理布局电气元器件	(1) 量裁 U 形导轨和 PVC 线槽尺寸、形状不合理扣 3 分； (2) 电气元器件布局不合理每处扣 0.5 分	10		
3	器件安装	(1) 正确安装 U 形导轨和 PVC 线槽； (2) 牢固正确安装主板电气元器件； (3) 正确安装外围电气设备	(1) 器件安装不牢固每只扣 2 分； (2) 器件安装错误每只扣 5 分； (3) 安装不整齐、不匀称每只扣 1 分； (4) 元件损坏每件扣 15 分	20		
4	接线	(1) 按参考接线图正确接线； (2) 接线应符合有关 GB 要求	(1) 不按接线图接线扣 10 分； (2) 错、漏、多接 1 根线扣 5 分； (3) 违反规程（如本节"五、注意事项"）每处扣 5 分； (4) 按钮开关颜色错误扣 5 分； (5) 主控导线使用错误，每根扣 3 分； (6) 配线不美观、不整齐、不合理，每处扣 2 分； (7) 漏接接地线扣 10 分	40		
5	试车	正确试车	(1) 违反规程（如本节"五、注意事项"）试车扣 20 分； (2) 一次试车不成功扣 15 分； (3) 检查改正后二次试车不成功扣 20 分	20		
6	其他	(1) 安全文明生产； (2) 工时	(1) 违反安全文明生产每处扣 5 分，扣完为止； (2) 额定工时 120min，每超 10min 扣 10 分，最长工时不得超过 150min			

任务四 自动往返循环工作台控制电路

生产机械的运动部件往往有行程限制,如龙门刨床的工作台进退动作。因此,常用行程开关作控制元件来控制电动机的正反转。图3-40(a)所示为工作台自动往返运动的工作示意图,其主电路及控制电路如图3-40(b)所示。

一、自动往返循环工作台控制电路构成

图3-40(b)所示的电路实质上就是在图3-34(c)所示的正、反转接触器的自锁电路与互锁电路的基础上,增加由行程开关动合触点并联在起动按钮动合触点两端构成另一条自锁电路,由行程开关动断触点串联在接触器线圈电路中构成互锁电路,并考虑了运动部件的运动限位保护。

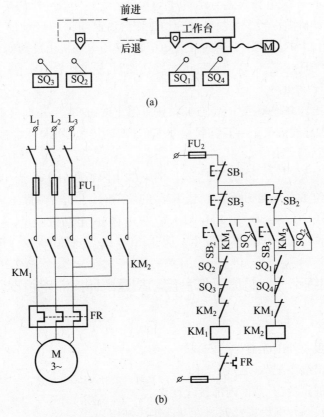

图3-40 工作台自动往返循环控制电路

主电路：由三相电源开关 Q、熔断器 FU_1、正转交流接触器 KM_1 动合主触点、反转交流接触器 KM_2 动合主触点和三相交流笼型电动机 M 组成。

控制电路：由停止按钮 SB_1、电机正转按钮 SB_2、电机反转按钮 SB_3、热继电器 FR、正反转交流接触器线圈 KM_1、KM_2 及其动合常开和常闭触点、电动机反转到正转行程开关 SQ_1、电动机正转到反转行程开关 SQ_2、正向运动极限保护行程开关 SQ_3、反向运动极限行程开关 SQ_4 组成。

二、自动往返循环工作台电路控制工作过程

先接通三相电源开关 Q。

1. 工作台起动

按下正转起动按钮 SB_2→KM_1 线圈得电→电动机正转并拖动工作台前进→到达终端位置时，工作台上的撞块压下换向行程开关 SQ_2，SQ_2 动断触点断开→正向接触器 KM_1 失电释放。与此同时，SQ_2 动合触点闭合→反向接触器 KM_2 得电吸合→电动机由正转变为反转并拖动工作台后退。

当工作台上的撞块压下换向开关 SQ_1 时，又使电动机由反转变为正转，拖动工作台如此循环往复，实现电动机可逆旋转控制，使工作台自动往返运动。

2. 工作台停止

电动机正转并拖动工作台前进时，按下停止按钮 SB_1→正向接触器 KM_1（反向接触器 KM_2）线圈失电→正向接触器 KM_1（反向接触器 KM_2）主触点断开→电动机正转（反转）停止。

行程开关 SQ_3、SQ_4 分别为正向、反向终端极限行程开关。当出现工作台到达换向开关位置而未能切断 KM_1 或 KM_2 的故障时，工作台继续运动，撞块压下极限行程开关 SQ_3 或 SQ_4 使 KM_1 或 KM_2 失电释放，电动机停止，从而避免运动部件越出允许位置而导致事故发生。因此，SQ_3、SQ_4 起限位保护作用。

技能训练十一　机床工作台自动往返循环控制电路安装实训

一、实训内容

（1）主板及外围元器件的安装。

（2）主板线槽配线（软线）操作。

（3）外围设备、元器件内部接线操作。

（4）主板与外围设备及元器件互连接线操作。

（5）通电试车。

二、参考电路图

(1) 电气原理图见图3-41。
(2) 主板元器件布置图见图3-42。
(3) 主板内部接线图见图3-43。
(4) 主板与外部设备互连接线图见图3-44。

三、实训器材、工具

常用实训器材、工具如表3-7所列。

表3-7 实训器材、工具

序号	名称	型号与规格	单位	数量/套	备注
1	带单相、三相交流电源工位	自定	台	1	
2	网孔板	600mm×500mm	块	1	
3	U形导轨	标准导轨	m	2	
4	带帽自攻螺丝	M3×8	个	100	
5	PVC配线槽	25×25	根	2	
6	软铜导线	BRV-1.5,BRV-0.75	m	若干	
7	卷式结束带		m	若干	
8	OM线号管		m	若干	
9	三相异步电动机	YS-5034,60W,380V	台	1	
10	断路器	DZ47-63,三极	个	1	
11	熔断器	RT18-32,5A,2A	个	5	
12	交流接触器	LC1 D0910 F4-11 10A	个	2	
13	热继电器	JR16	个	1	
14	按钮	LA42	个	3	
15	端子排	E-UK-5N(600V、40A)	片	20	
16	电工通用工具	验电笔、螺丝刀(包括十字口螺丝刀、一字口螺丝刀)、电工刀、尖嘴钳、斜尖嘴钳、剥线钳等	套	1	
17	万用表	自定	块	1	
18	盒尺	1m	个	1	
19	手锯弓、锯条		套	1	
20	线号打印机		台	1	
21	配线槽剪刀		把	1	

四、实训步骤及要求

(1) 识读参考电路原理图(图3-41),熟悉线路的工作原理。

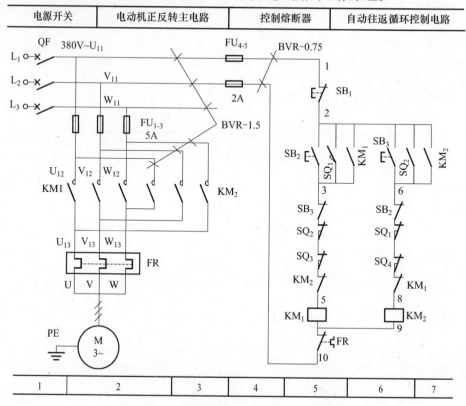

图3-41　电动机正反转(互锁环节)原理电路

(2) 明确线路所用器件、材料及作用,清点所用器件、材料并进行检验。

(3) 在网孔板上按参考元器件布置图(图3-42)试着摆放电气元件(可根据实际情况适当调整布局)。用盒尺量取U形导轨合适的长度,用钢锯截取;用盒尺量取PVC配线槽合适的长度,用配线槽剪刀截取。安装主板U形导轨、配线槽及电气元件,并在主要电气元件上贴上醒目的文字符号。

(4) 按参考主板内部接线图(图3-43)的走线方法(也可合理改进)进行主板板前线槽布线并在导线两头套上打好号的线号套管。

(5) 接电动机、按钮箱内部接线端子连线。

(6) 按外部互连接线图(图3-44)连接主板与电源、电动机、速度继电器、按钮箱等外部设备的导线(导线用卷式结束带卷束)。

(7) 安装完毕后,必须经过感观和仪表认真检查,确认无误后方可通电试车。

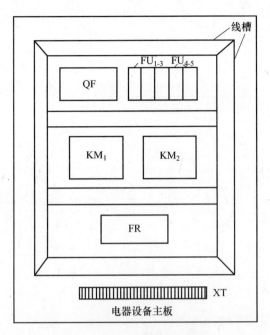

图 3-42 元器件布置图

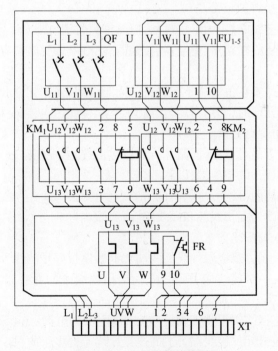

图 3-43 主板内部接线图

119

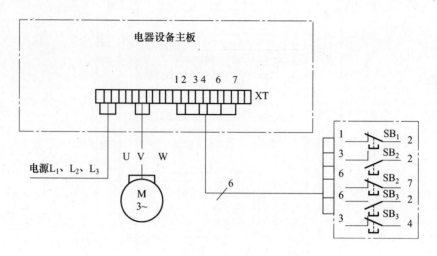

图 3-44 外部互连接线图

五、注意事项

(1) 电动机及按钮的金属外壳必须可靠接地。

(2) 接至电动机的导线必须穿在导线卷式结束带内加以保护,或采用坚韧的四芯橡皮线或塑料护套线。

(3) 按钮内接线时,用力不可过猛,以防螺钉打滑。

(4) 上下安装的断路器、熔断器、接触器、热继电器受电端应在上侧,下侧接负载。

(5) 各元件的安装位置应整齐、匀称,间距合理,便于元件的更换。

(6) 紧固各元件时,要用力均匀、谨慎,紧固程度适当,以免损坏;接线时,用力不可过猛,以防螺钉打滑。

(7) 布线通道尽可能少,同路并行导线尽量按主、控电路分开,分不开的,要将发热多的导线置于线槽顶端,以利散热。

(8) 同一平面的导线应尽量高低一致,避免交叉。

(9) 布线时严禁损伤线芯和导线绝缘,必要时软铜导线线头上锡或连接专用端子(俗称"线鼻子")。

(10) 在每根剥去绝缘层导线的两端套上事先打好号的线号套管。

(11) 所有从一个接线端子到另外一个接线端子的导线必须连续,中间无接头。

(12) 导线与接线端子或接线桩连接时,不得压绝缘层,也不能露铜过长。

(13) 每个电气元件接线端子上的连接导线不得多于两根。

(14) 每节接线端子板上的连接导线不得超过两根,若超过两根,应采用短导线例接到另外空端子上引出。

（15）线路检查应遵循先主电路后控制电路的原则。常态下取下控制熔断器熔芯、断开两个电动机,主电路无论哪一段三相之间用万用表检测的电阻值均为∞,手动按下每个接触器后三相之间电阻值仍为∞,但接通一个电动机后手动按下此电动机的控制接触器,FU_{1-3}下口三相之间电阻值为电动机相间电阻值,接通另一个电动机后手动按下此电动机的控制接触器,FU_{1-3}下口三相之间电阻值仍为电动机相间电阻值;常态下检查控制电路时,用万用表×1k欧姆挡测得的控制熔断器两端的电阻值应为∞,按下 M_1 起动按钮后,读数应等于或接近接触器线圈的阻值,约为几十欧姆,同时按下停车按钮后阻值又回到0,按下 M_2 起动按钮后,读数应等于0。

（16）通电试车前,必须征得指导教师同意,由指导教师接通三相电源总开关,并在现场监护。学生合上电源开关 QF 后,用验电笔检查电源是否接通。按下 M_1 起动按钮,观察接触器吸合情况是否正常,M_1 电动机运行是否正常,随后再按下 M_1 停车按钮,电动机应正常停车;按下 M_2 起动按钮,M_2 电动机不能运行;按下 M_1 起动按钮,M_1 电动机正常运行后,再按下 M_2 起动按钮,M_2 电动机应正常运行,此时若按下 M_1 停车按钮,M_1 电动机不应停车,只有按下 M_2 停车按钮,M_2 电动机正常停车后 M_1 电动机才能停车。

（17）出现故障后,学生应在指导教师的监护下独立进行检修。

（18）通电试车完毕后先切断电源,然后拆除电源线,再从主板上拆除电动机线接头。

六、成绩评定

考核及评分标准如表 3-8 所列。

表 3-8 考核及评分标准

序号	考核项目	考核要求	评分标准	配分	扣分	得分
1	器件检查	（1）核对器材、工具数目; （2）检查元器件质量	（1）不做器件检查扣10分; （2）只做考核要求其中一项的扣5分; （3）检查不到位每处扣0.5分	10		
2	器件布局	（1）合理量裁 U 形导轨和 PVC 线槽; （2）合理布局电气元器件	（1）量裁 U 形导轨和 PVC 线槽尺寸、形状不合理扣3分; （2）电气元器件布局不合理每处扣0.5分	10		

(续)

序号	考核项目	考核要求	评分标准	配分	扣分	得分
3	器件安装	(1) 正确安装 U 形导轨和 PVC 线槽； (2) 牢固正确安装主板电气元器件； (3) 正确安装外围电气设备	(1) 器件安装不牢固每只扣 2 分； (2) 器件安装错误每只扣 5 分； (3) 安装不整齐、不匀称每只扣 1 分； (4) 元件损坏每件扣 15 分	20		
4	接线	(1) 按参考接线图正确接线； (2) 接线应符合有关 GB 要求	(1) 不按接线图接线扣 10 分； (2) 错、漏、多接 1 根线扣 5 分； (3) 违反规程(如本节"五、注意事项")每处扣 5 分； (4) 按钮开关颜色错误扣 5 分； (5) 主控导线使用错误，每根扣 3 分； (6) 配线不美观、不整齐、不合理，每处扣 2 分； (7) 漏接接地线扣 10 分	40		
5	试车	正确试车	(1) 违反规程(如本节"五、注意事项")试车扣 20 分； (2) 一次试车不成功扣 15 分； (3) 检查改正后二次试车不成功扣 20 分	20		
6	其他	(1) 安全文明生产； (2) 工时	(1) 违反安全文明生产每处扣 5 分，扣完为止； (2) 额定工时 120min，每超 10min 扣 10 分，最长工时不得超过 150min			

任务五　多地控制与顺序控制电路

一、多地控制及其电路

　　在大型机床设备中，为了操作方便，常要求能在多个地点进行控制，这种能在多个地点进行同一种控制的电路环节称为多地控制环节。图 3-45 所示电路是一个具有两地控制功能的电路。电路中,把两个起动按钮并联起来,把两个停止按钮串联起来,并且各取一只起动按钮和停止按钮分别装在两个地方,就可实现两地操作。

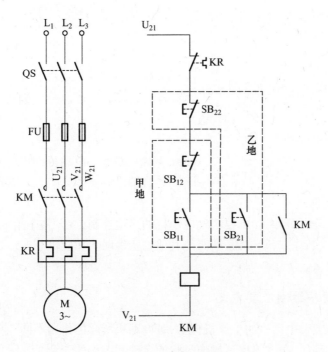

图 3-45 两地控制电路

(一) 电路的构成

多地控制电路如图 3-45 所示。

主电路:由三相电源开关 QS、熔断器 FU、交流接触器 KM 的动合主触点和笼型电动机 M 组成。

控制电路:由热继电器 KR、甲地起动按钮 SB_{11}、甲地停止按钮 SB_{12}、乙地起动按钮 SB_{21}、乙地停止按钮 SB_{22} 和交流接触器线圈 KM 组成。

(二) 电路的工作过程

先接通三相电源开关 QS。

1. 甲地控制

(1) 起动过程:

按下 SB_{11}→KM 线圈得电→$\begin{cases} KM \text{ 主触点闭合→电动机 M 通电运转} \\ KM \text{ 动合辅助触点闭合→形成自锁} \end{cases}$→电动机 M 连续运转。

（2）停机过程：

按下 SB_{12}→KM 线圈失电→$\begin{cases}KM\text{ 主触点断开}\to\text{电动机 M 停止运转}\\ KM\text{ 动合辅助触点断开}\to\text{自锁解除}\end{cases}$→电动机 M 停止运转。

2. 乙地控制

（1）起动过程：

按下 SB_{21}→KM 线圈得电→$\begin{cases}KM\text{ 主触点闭合}\to\text{电动机 M 通电运转}\\ KM\text{ 动合辅助触点闭合}\to\text{形成自锁}\end{cases}$→电动机 M 连续运转。

（2）停机过程：

按下 SB_{22}→KM 线圈失电→$\begin{cases}KM\text{ 主触点断开}\to\text{电动机 M 停止运转}\\ KM\text{ 动合辅助触点断开}\to\text{自锁解除}\end{cases}$→电动机 M 停止运转。

由以上分析可知，如果要实现电动机的多地控制，在电路中给 KM 动合辅助触点并联上相应的起动按钮，同时与其他按钮串联上相应停止按钮，即可以实现多地控制效果。

二、顺序控制及其电路

在装有多台电动机的生产机械上，各电动机所起的作用不同，有时需要按一定的顺序起动、停车才能保证操作过程的合理和工作的安全可靠。例如，在铣床上就要求先起动主轴电动机，然后才能起动进给电动机。又如，带有液压系统的机床，一般都要先起动液压泵电动机，然后才能起动其他电动机。这些顺序关系反映在控制电路上，称为顺序控制。按照控制方式，顺序控制有手动、自动控制；按照启停先后顺序，有先启先停、先启后停、同时启先后停、先后启同时停、任意启先后停、先后启任意停等多种情况。下面以先启后停顺序控制电路举例说明。

（一）电路构成

先启后停顺序控制电路如图 3-46 所示。

主电路：由三相电源开关 QS、熔断器 FU_1、交流接触器 KM_1、KM_2 的动合主触点和笼型电动机 M_1、M_2 组成。

控制电路：由热继电器 KR_1、KR_2，电动机 M_1 起动按钮 SB_3 和停止按钮 SB_1、电动机 M_2 起动按钮 SB_4 和停止按钮 SB_3、交流接触器线圈 KM_1、KM_2 及其动合辅助触点组成。

（二）电路的工作过程

先接通三相电源开关 QS。

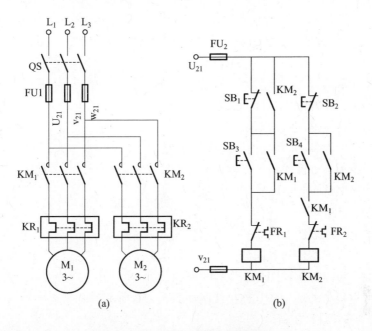

图 3-46 先启后停顺序控制电路

1. 电动机 M_1、M_2 顺序起动

按下 SB_3→KM_1 线圈得电→$\begin{cases} KM_1 \text{ 主触点闭合→电动机 } M_1 \text{ 通电起动} \\ KM_1 \text{ 动合辅助触点闭合→形成 } SB_3 \text{ 按钮} \\ \quad \text{自锁→电动机 } M_1 \text{ 连续运转}。\\ KM_1 \text{ 动合辅助触点闭合→为 } KM_2 \text{ 线圈} \\ \quad \text{通电作准备}) \end{cases}$

按下 SB_4→KM_2 线圈得电→$\begin{cases} KM_2 \text{ 主触点闭合→电动机 } M_2 \text{ 通电起动} \\ KM_2 \text{ 动合辅助触点闭合→形成 } SB_4 \text{ 按钮自锁} \end{cases}$
→电动机 M_2 连续运转。

2. 电动机 M2、M_1 顺序停止

按下 SB_4→KM_2 线圈失电→$\begin{cases} KM_2 \text{ 主触点断开→电动机 } M_2 \text{ 失电停止} \\ KM_2 \text{ 动合辅助触点断开→} SB_4 \text{ 按钮自锁解除} \end{cases}$
→电动机 M_2 连续运转。

按下 SB_3→KM_1 线圈失电→$\begin{cases} KM_1 \text{ 主触点断开→电动机 } M_1 \text{ 失电停止} \\ KM_1 \text{ 动合辅助触点断开→} SB_3 \text{ 按钮自锁解除} \end{cases}$
→电动机 M_1 连续运转。

技能训练十二　电动机先启后停控制电路的安装实训

一、实训内容
(1) 主板及外围元器件的安装。
(2) 主板线槽配线(软线)操作。
(3) 外围设备、元器件内部接线操作。
(4) 主板与外围设备及元器件互连接线操作。
(5) 通电试车。

二、参考电路图
(1) 电气原理图如图 3-47 所示。
(2) 主板元器件布置图如图 3-48 所示。
(3) 主板内部接线图如图 3-49 所示。
(4) 主板与外部设备互连接线图如图 3-50 所示。

三、实训器材、工具
常用实训器材、工具如表 3-9 所列。

表 3-9　实训器材、工具

序号	名称	型号与规格	单位	数量/套	备注
1	带单相、三相交流电源工位	自定	台	1	
2	网孔板	600mm×500mm	块	1	
3	U 形导轨	标准导轨	m	2	
4	带帽自攻螺丝	M3×8	个	100	
5	PVC 配线槽	25×25	根	2	
6	软铜导线	BRV-1.5,BRV-0.75	m	若干	
7	卷式结束带		m	若干	
8	OM 线号管		m	若干	
9	三相异步电动机	YS-5034,60W,380V	台	1	
10	断路器	DZ47-63,三极	个	1	
11	熔断器	RT18-32,2A	个	5	
12	交流接触器	LC1 D0910 F4-11 10A	个	2	
13	热继电器	JR16	个	1	
14	按钮	LA42	个	3	
15	端子排	E-UK-5N(600V、40A)	片	20	

(续)

序号	名称	型号与规格	单位	数量/套	备注
16	电工通用工具	验电笔、螺丝刀(包括十字口螺丝刀、一字口螺丝刀)、电工刀、尖嘴钳、斜尖嘴钳、剥线钳等	套	1	
17	万用表	自定	块	1	
18	盒尺	1m	个	1	
19	手锯弓、锯条		套	1	
20	线号打印机		台	1	
21	配线槽剪刀		把	1	

四、实训步骤及要求

（1）识读参考电路原理图（图3-47），熟悉线路的工作原理。

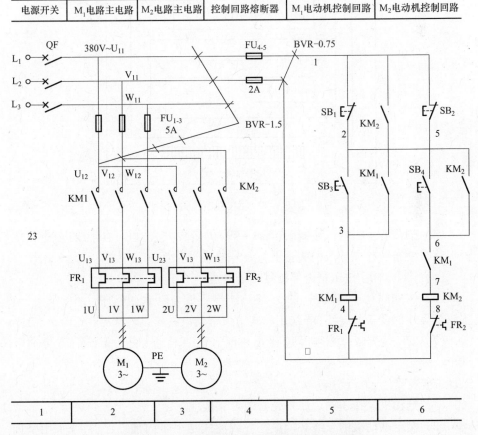

图3-47 电动机正反转(互锁环节)原理电路

(2) 明确线路所用器件、材料及作用,清点所用器件、材料并进行检验。

(3) 在网孔板上按参考元器件布置图(图3-48)试着摆放电气元件(可根据实际情况适当调整布局)。用盒尺量取 U 形导轨合适的长度,用钢锯截取;用盒尺量取 PVC 配线槽合适的长度,用配线槽剪刀截取。安装主板 U 形导轨、配线槽及电气元件,并在主要电气元件上贴上醒目的文字符号。

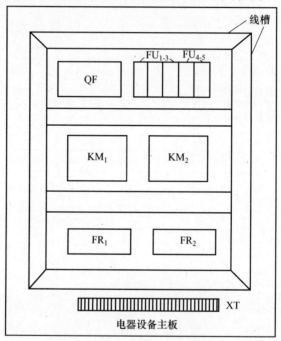

图3-48 元器件布置图

(4) 按参考主板内部接线图(图3-49)的走线方法(也可合理改进)进行主板板前线槽布线并在导线两头套上打好号的线号套管。

(5) 接电动机、按钮箱内部接线端子连线。

(6) 按外部互连接线图(图3-50)连接主板与电源、电动机、速度继电器、按钮箱等外部设备的导线(导线用卷式结束带卷束)。

(7) 安装完毕后,必须经过感观和仪表认真检查,确认无误后方可通电试车。

五、注意事项

(1) 电动机及按钮的金属外壳必须可靠接地。

(2) 接至电动机的导线必须穿在导线卷式结束带内加以保护,或采用坚韧的四芯橡皮线或塑料护套线。

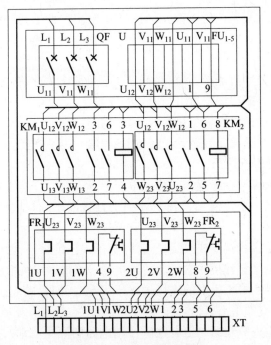

图3-49 主板内部接线图

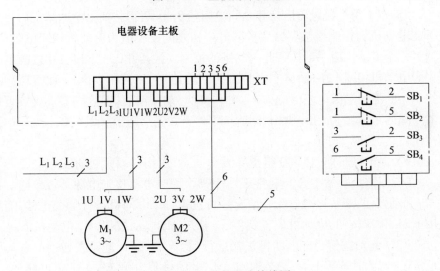

图3-50 外部互连接线图

(3) 按钮内接线时,用力不可过猛,以防螺钉打滑。

(4) 上下安装的断路器、熔断器、接触器、热继电器受电端应在上侧,下侧接负载。

(5)各元件的安装位置应整齐、匀称,间距合理,便于元件的更换。

(6)紧固各元件时,要用力均匀、谨慎,紧固程度适当,以免损坏;接线时,用力不可过猛,以防螺钉打滑。

(7)布线通道尽可能少,同路并行导线尽量按主、控电路分开,分不开的,要将发热多的导线置于线槽顶端,以利散热。

(8)同一平面的导线应尽量高低一致,避免交叉。

(9)布线时严禁损伤线芯和导线绝缘,必要时软铜导线线头上锡或连接专用端子(俗称"线鼻子")。

(10)在每根剥去绝缘层导线的两端套上事先打好号的线号套管。

(11)所有从一个接线端子到另外一个接线端子的导线必须连续,中间无接头。

(12)导线与接线端子或接线桩连接时,不得压绝缘层,也不能露铜过长。

(13)每个电气元件接线端子上的连接导线不得多于两根。

(14)每节接线端子板上的连接导线不得超过两根,若超过两根,应采用短导线例接到另外空端子上引出。

(15)线路检查应遵循先主电路后控制电路的原则。常态下取下控制熔断器熔芯、断开两个电动机,主电路无论哪一段三相之间用万用表检测的电阻值均为∞,手动按下每个接触器后三相之间电阻值仍为∞,但接通一个电动机后手动按下此电动机的控制接触器,FU_{1-3}下口三相之间电阻值为电动机相间电阻值,接通另一个电动机后手动按下此电动机的控制接触器,FU_{1-3}下口三相之间电阻值仍为电动机相间电阻值;常态下检查控制电路时,用万用表×1k欧姆挡测得的控制熔断器两端的电阻值应为∞,按下 M_1 起动按钮后,读数应等于或接近接触器线圈的阻值,约为几十欧姆,同时按下停车按钮后阻值又回到0,按下 M_2 起动按钮后,读数应等于0。

(16)通电试车前,必须征得指导教师同意,由指导教师接通三相电源总开关,并在现场监护。学生合上电源开关 QF 后,用验电笔检查电源是否接通。按下 M_1 起动按钮,观察接触器吸合情况是否正常,M_1 电动机运行是否正常,随后再按下 M_1 停车按钮,电动机应正常停车;按下 M_2 起动按钮,M_2 电动机不能运行;按下 M_1 起动按钮,M_1 电动机正常运行后,再按下 M_2 起动按钮,M_2 电动机应正常运行,此时若按下 M_1 停车按钮,M_1 电动机不应停车,只有按下 M_2 停车按钮,M_2 电动机正常停车后 M_1 电动机才能停车。

(17)出现故障后,学生应在指导教师的监护下独立进行检修。

(18)通电试车完毕后先切断电源,然后拆除电源线,再从主板上拆除电动机线接头。

六、成绩评定

考核及评分标准如表 3-10 所列。

表 3-10 考核及评分标准

序号	考核项目	考核要求	评分标准	配分	扣分	得分
1	器件检查	(1) 核对器材、工具数目； (2) 检查元器件质量	(1) 不做器件检查扣 10 分； (2) 只做考核要求其中一项的扣 5 分； (3) 检查不到位每处扣 0.5 分	10		
2	器件布局	(1) 合理量裁 U 形导轨和 PVC 线槽； (2) 合理布局电气元器件	(1) 量裁 U 形导轨和 PVC 线槽尺寸、形状不合理扣 3 分； (2) 电气元器件布局不合理每处扣 0.5 分	10		
3	器件安装	(1) 正确安装 U 形导轨和 PVC 线槽； (2) 牢固正确安装主板电气元器件； (3) 正确安装外围电气设备	(1) 器件安装不牢固每只扣 2 分； (2) 器件安装错误每只扣 5 分； (3) 安装不整齐、不匀称每只扣 1 分； (4) 元件损坏每件扣 15 分	20		
4	接线	(1) 按参考接线图正确接线； (2) 接线应符合有关 GB 要求	(1) 不按接线图接线扣 10 分； (2) 错、漏、多接 1 根线扣 5 分； (3) 违反规程（如本节"五、注意事项"）每处扣 5 分； (4) 按钮开关颜色错误扣 5 分； (5) 主控导线使用错误，每根扣 3 分； (6) 配线不美观、不整齐、不合理，每处扣 2 分； (7) 漏接接地线扣 10 分	40		
5	试车	正确试车	(1) 违反规程（如本节"五、注意事项"）试车扣 20 分； (2) 一次试车不成功扣 15 分； (3) 检查改正后二次试车不成功扣 20 分	20		
6	其他	(1) 安全文明生产； (2) 工时	(1) 违反安全文明生产每处扣 5 分，扣完为止； (2) 额定工时 120min，每超 10min 扣 10 分，最长工时不得超过 150min			

任务六　电动机的减压控制电路

三相笼型异步电动机采用全压起动,控制电路简单,但对于较大容量的笼型异步电动机(大于 10kW)来说因其起动电流较大,一般都采用减压起动方式起动。所谓减压起动,就是利用某些设备或者采用电动机定子绕组换接的方法,降低起动时加在电动机定子绕组上的电压,而起动后再将电压恢复到额定值,使之在正常电压下运行。因为电枢电流和电压成正比,所以降低电压可以减小起动电流,不致在电路中产生过大的电压降,减少对电路电压的影响。不过,因为电动机的电磁转矩和端电压平方成正比,所以电动机的起动转矩也就减小了。

三相笼型异步电动机常用的减压起动有定子串电阻(或电抗)、星形—三角形换接、自耦变压器及延边三角形起动等起动方法。虽然方法各异,但目的都是为了减小起动电流,下面讨论这几种常用的减压起动控制电路。

一、定子绕组串接电阻或电抗器减压起动控制

图 3-51 所示为定子串电阻减压起动控制电路。为了在电动机串电阻起动完成之后,再将电压恢复到额定值,使之在正常电压下运行,电路中加入了时间继电器。因此,图 3-51 所示的电路又称为自动短接电阻减压起动电路。在这个电路中依靠时间继电器延时动作来控制各元件的动作顺序。

（一）电路构成

主电路:由三相电源开关 Q、熔断器 FU_1、起动接触器 KM_1、运行接触器 KM_2 动合主触点、降压电阻 R 和三相笼型异步电动机 M 组成。

控制电路:由热继电器 FR、起动按钮 SB_2、停止按钮 SB_1、起动接触器 KM_1 线圈和动合触点、运行接触器 KM_2 线圈、动合和动闭触点、时间继电器线圈和延时常开触点等组成。

（二）电路的工作过程

先接通三相电源开关 Q。

起动:按下 SB_2→KM_1、KT 线圈得电→KM_1 动合辅助触点闭合自锁→KM_1 主触点闭合,使电动机定子绕组串接电阻减压起动。

全压运行:在 KM_1 线圈得电的同时,KT 线圈得电,其延时闭合的动合触点使接触器 KM_2 不能立即得电→经一段延时后 KT 动合触点闭合使 KM_2 线圈得电→KM_2 主触点闭合(R 被短路)→电动机全压运转。

停止:按下 SB_1→控制电路断电→KM_1、KM_2、KT 均释放,电动机断电停止。

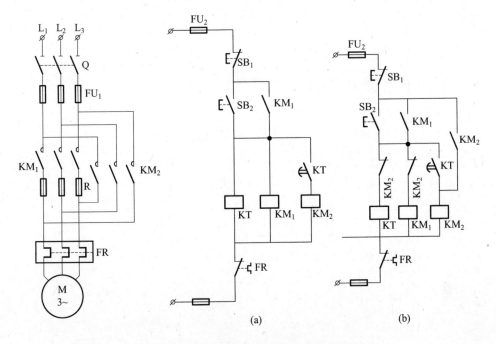

图 3-51 定子绕组串接电阻减压起动电路

从主电路看,只要 KM$_2$ 得电就能使电动机正常运行,但图 3-51(a)所示在电动机起动后 KM$_1$ 和 KT 一直在通电动作,这是不必要的。图 3-51(b)所示的电路是对图 3-51(a)所示电路的改进,解决了上述问题。接触器 KM$_2$ 通电→其动断触点将 KM$_1$ 及 KT 的线圈电路断电,同时 KM$_2$ 自锁。这样,在电动机起动后,只有 KM$_2$ 通电工作,同样能保证电动机的正常运行。

二、星形—三角形换接减压起动控制

星形—三角形减压起动用于定子绕组在正常运行时接为三角形的电动机。在电动机起动时,先将定子绕组接成星形,由于电动机每相绕组电压只为正常工作电压的 $1/\sqrt{3}$,实现了减压起动。当起动即将完成时再换接成三角形。各相绕组承受额定电压工作,电动机进入正常运行。星形—三角形减压起动的控制电路如图 3-52 所示。

(一)电路构成

主电路:由三相电源开关 Q、熔断器 FU$_1$、三相笼型异步电动机 M 和交流接触器 KM$_1$、KM$_2$、KM$_3$ 动合主触点组成。

控制电路:由热继电器 FR、起动按钮 SB$_2$、停止按钮 SB$_1$、交流接触器 KM$_1$、

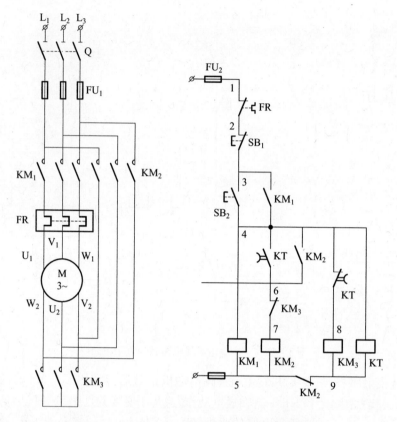

图 3-52 星形—三角形减压起动的控制电路

KM₂、KM₃ 线圈及其动合触点、动闭触点、时间继电器线圈和延时常开触点等组成。

图中星形—三角形换接减压起动控制电路,其主电路由三组接触器主触点分别将电动机的定子绕组接成三角形和星形,即 KM₁、KM₃ 主触点闭合时,绕组接成星形,KM₁、KM₂ 主触点闭合时,绕组接为三角形。两种接线方式的切换要在很短的时间内完成,在控制电路中采用时间继电器定时自动切换。

(二)电路的工作过程

先接通三相电源开关 Q。

1. 起动

按下起动按钮 SB₂ → { KM₁ 线圈得电 → ①
                      KM₃ 线圈得电 → ②
                      KT 线圈得电 → ③ } → 电动机接成星形,减压起动。

延时一定时间后→$\begin{cases}触点\ KT(4-8)断开→KM_3\ 线圈失电\\触点\ KT(4-6)闭合→KM_2\ 线圈得电\end{cases}$→电动机接成三角形。

与此同时,触点 $KM_2(5-9)$ 断开→电动机停止运转。

三、自耦变压器减压起动控制

自耦变压器减压起动是利用自耦变压器来降低起动时的电压,达到限制起动电流的目的。起动时,自耦变压器一次侧接在电源电压上,二次侧接在电动机的定子绕组上,当电动机的转速达到一定值时,将自耦变压器从电路中切除,此时电动机直接与电源相接,在正常电压下运行。图 3-53 所示为自耦变压器减压起动的控制电路。

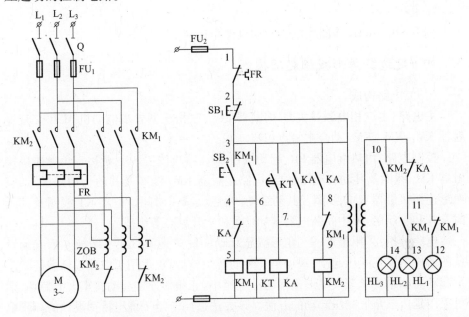

图 3-53 自耦变压器减压起动的控制电路

(一)电路构成

主电路:由三相电源开关 Q、熔断器 FU_1、三相笼型异步电动机 M 和交流接触器 KM_1、KM_2、KM_3 动合主触点组成。

控制电路:由热继电器 FR、起动按钮 SB_2、停止按钮 SB_1、减压起动接触器 KM_1、运行接触器 KM_2 线圈及其动合触点、动闭触点、减压时间继电器 KT 线圈和延时常开和常闭触点、中间断电器 KA 线圈和常开触点、电源指示灯 HL_1、减

135

压起动指示灯 HL_2、正常运行指示灯 HL_3 等组成。

（二）电路的工作过程

先接通三相电源开关 Q,HL_1 灯亮。

1. 起动

按下起动按钮 $SB_2 \rightarrow \begin{cases} KM_3 \text{ 线圈得电①} \rightarrow \\ KT \text{ 线圈得电②} \rightarrow \end{cases}$

① 自耦变压器 T 接入,减压起动,HL_1 灯灭,HL_2 灯亮。

② 延时一段时间后触点 $KT_{(3-7)}$ 闭合→KA 线圈得电并自锁→触点 $KA_{(4-5)}$ 断开→KM_1 线圈失电释放→自耦变压器 T 切除；在触点 $KA_{(4-5)}$ 断开的同时,触点 $KA_{(10-11)}$ 断开→HL_2 灯灭,而触点 $KA_{(3-8)}$ 闭合→KM_2 线圈得电→触点 $KM_{2(10-14)}$ 闭合,HL_3 灯亮,电动机全压运行。

2. 停止

按下 $SB_1 \rightarrow KM_2$ 线圈失电→电动机停止运转。

四、延边三角形减压起动控制

（一）电路构成

主电路：由三相电源开关 Q、熔断器 FU_1、三相笼型异步电动机 M 和交流接触器 KM_1、KM_2、KM_3 动合主触点组成。

控制电路：由热继电器 FR、起动按钮 SB_2、停止按钮 SB_1、延边三角形连接接触器 KM_1 线圈及其动合动闭触点、电路接触器 KM_2 线圈及其动合动闭触点、三角形连接接触器 KM_3 线圈及其动合动闭触点、减压时间继电器 KT 线圈及其延时常开和常闭触点、中间断电器 KA 线圈和常开触点等组成。

电路分析：采用星形—三角形减压起动的优点是可以在不增加专用起动设备的条件下实现减压起动；缺点是其起动转矩较低,仅适用于空载或轻载的状态下起动。如果要求兼具星形连接起动电流小、三角形连接起动转矩大的特点,则可采用延边三角形减压起动的方法。该方法适用于定子绕组特别设计的异步电动机,这种电动机共有 9 个出线端,各相绕组的出线端分别为 U_1、U_2、U_3 与 V_1、V_2、V_3 及 W_1、W_2、W_3。其中 U_1、V_1、W_1 为首端；U_3、V_3、W_3 为尾端；U_2、V_2、W_2 为各相绕组的抽头,延边三角形绕组连接如图 3-54 所示。

当 KM_1、KM_2 触点闭合,KM_3 触点断开时,U_2U_3、V_2V_3、W_2W_3 接成一个三角形；三角形的各节点再经 U_1U_2、V_1V_2、W_1W_2 延伸出去,构成延边三角形接到电源上。当 KM_2、KM_3 触点闭合,KM_1 断开时,U_1U_3、V_1V_3、W_1W_3 连接成为三角形接于电源。即起动时将定子绕组的一部分连接成星形,而另一部分连接成三角形；在起动结束后,再换成三角形连接,使电动机在正常电压下运行。图 3-55

所示为延边三角形减压起动控制电路。

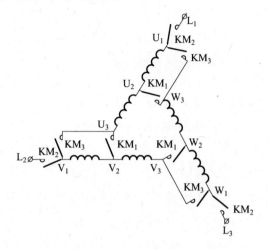

图 3-54 延边三角形起动电动机

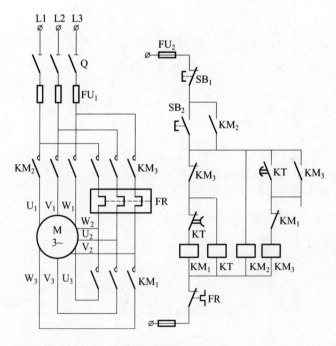

图 3-55 延边三角形减压起动控制电路定子绕组接线图

(二) 电路工作过程

先接通三相电源开关 Q。

1. 电动机起动

按下起动按钮 $SB_2 \to$ $\begin{cases} KM_1 \text{线圈得电} \to ① \\ KM_2 \text{线圈得电} \to ② \\ KT \text{线圈得电} \to ③ \end{cases}$ 电动机定子接成延边三角形减压起动

③ 延时一定时间后→KT 延时断开,动断触点→KM_1 线圈失电释放;与此同时,KT 延时闭合动合触点闭合→KM_3 线圈得电吸合并自锁,且接触器 KM_1 与 KM_3 之间设有电气互锁,此时电动机转入正常运行。

2. 电动机起动

按下 $SB_1 \to KM_2$、KM_3 线圈失电→电动机停止运转。

技能训练十三 电动机星形—三角形起动控制线路的安装与调试实训

一、实训内容

(1) 主板及外围元器件的安装。

(2) 主板线槽配线(软线)操作。

(3) 外围设备、元器件内部接线操作。

(4) 主板与外围设备及元器件互连接线操作。

(5) 通电试车。

(6) 起动时间调试。

二、参考电路图

(1) 电气原理图如图 3-56 所示。

(2) 主板元器件布置图如图 3-57 所示。

(3) 主板内部接线图如图 3-58 所示。

(4) 主板与外部设备互连接线图如图 3-59 所示。

三、实训器材、工具

常用实训器材、工具如表 3-11 所列。

表 3-11 实训器材、工具

序号	名称	型号与规格	单位	数量/套	备注
1	带单相、三相交流电源工位	自定	台	1	
2	网孔板	600mm×500mm	块	1	
3	U 形导轨	标准导轨	m	2	
4	带帽自攻螺丝	M3×8	个	100	
5	PVC 配线槽	25×25	根	2	

(续)

序号	名称	型号与规格	单位	数量/套	备注
6	软铜导线	BRV-1.5, BRV-0.75	m	若干	
7	卷式结束带		m	若干	
8	OM线号管		m	若干	
9	三相异步电动机	YS-5034,60W,380V	台	1	
10	断路器	DZ47-63,三极	个	1	
11	熔断器	RT18-32,5A,2A	个	5	
12	交流接触器	LC1 D0910 F4 10A	个	2	
13	热继电器	JR16	个	1	
14	按钮	LA42	个	3	
15	端子排	E-UK-5N(600V,40A)	片	20	
16	变压器	KB-100, 380/6.3V	台	1	
17	时间继电器	DH48S-S	只	1	
18	信号灯	AD17	只	3	
19	电工通用工具	验电笔、螺丝刀(包括十字口螺丝刀、一字口螺丝刀)、电工刀、尖嘴钳、斜尖嘴钳、剥线钳等	套	1	
20	万用表	自定	块	1	
21	盒尺	1m	个	1	
22	手锯弓、锯条		套	1	
23	线号打印机		台	1	
24	配线槽剪刀		把	1	

四、实训步骤及要求

（1）识读参考电路原理图（图3-56），熟悉线路的工作原理。

（2）明确线路所用器件、材料及作用，清点所用器件、材料并进行检验。

（3）在网孔板上按参考元器件布置图（图3-57）试着摆放电气元件（可根据实际情况适当调整布局）。用盒尺量取U形导轨合适的长度，用钢锯截取；用盒尺量取PVC配线槽合适的长度，用配线槽剪刀截取。安装主板U形导轨、配线槽及电气元件，并在主要电气元件上贴上醒目的文字符号。

（4）按钮和信号灯可安装于一金属支架上，然后将支架固定在网孔板电气设备主板旁边。

（5）按参考主板内部接线图（图3-58）的走线方法（也可合理改进）进行主

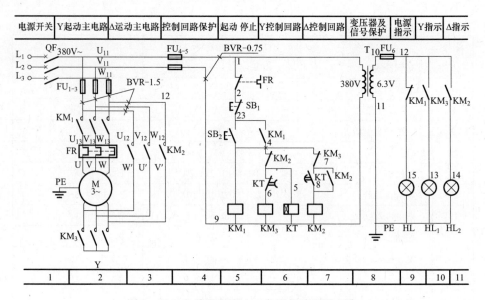

图 3-56 电动机星形—三角形起动原理电路

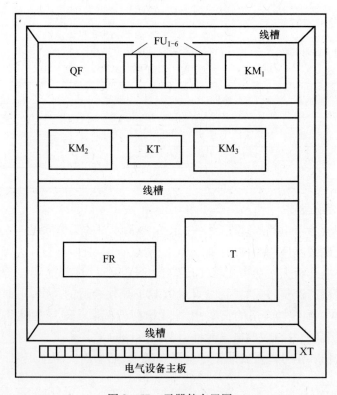

图 3-57 元器件布置图

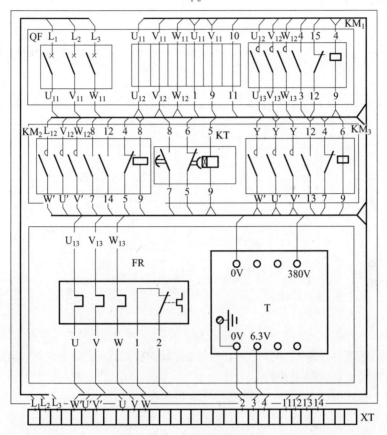

图 3-58 主板内部接线图

板板前线配槽布线并在导线两头套上打好号的线号套管。

（6）接电动机、按钮箱内部接线端子连线。

（7）按外部互连接线图（图 3-59）连接主板与电源、电动机、按钮箱等外部设备的导线（导线用卷式结束带卷束）。

（8）安装完毕后，必须经过感观和仪表认真检查，确认无误后方可通电试车。

（9）模拟电动机功率大小以及负载的轻重调试电动机起动时间到合适值。

五、注意事项

（1）电动机及按钮的金属外壳必须可靠接地。

（2）接至电动机的导线必须穿在导线卷式结束带内加以保护，或采用坚韧的四芯橡皮线或塑料护套线。

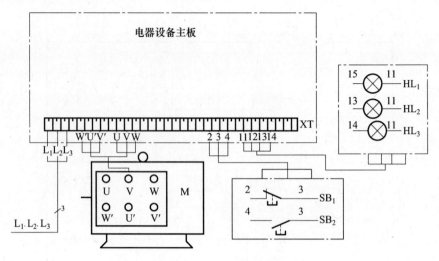

图 3-59 外部互连接线图

(3) 按钮内接线时,用力不可过猛,以防螺钉打滑。

(4) 上下安装的断路器、熔断器、接触器、热继电器受电端应在上侧,下侧接负载。

(5) 各元件的安装位置应整齐、匀称,间距合理,便于元件的更换。

(6) 紧固各元件时,要用力均匀、谨慎,紧固程度适当,以免损坏;接线时,用力不可过猛,以防螺钉打滑。

(7) 布线通道尽可能少,同路并行导线尽量按主、控电路分开,分不开的,要将发热多的导线置于线槽顶端,以利散热。

(8) 同一平面的导线应尽量高低一致,避免交叉。

(9) 布线时严禁损伤线芯和导线绝缘,必要时软铜导线线头上锡或连接专用端子(俗称"线鼻子")。

(10) 在每根剥去绝缘层导线的两端套上事先打好号的线号套管。

(11) 所有从一个接线端子到另外一个接线端子的导线必须连续,中间无接头。

(12) 导线与接线端子或接线桩连接时,不得压绝缘层,也不能露铜过长。

(13) 每个电气元件接线端子上的连接导线不得多于两根。

(14) 每节接线端子板上的连接导线不得超过两根,若超过两根,应采用短导线例接到另外空端子上引出。

(15) 线路检查应遵循先主电路后控制电路的原则。

① 常态下取下控制熔断器熔芯、断开电动机 U、V、W 端子接线,主电路无论哪一段三相之间用万用表检测的电阻值均为∞;手动按下全部三个接触器或任

何一个接触器后三相之间电阻值仍为∞,接通电动机后手动按下任何一个接触器,三相之间电阻值为0;但同时按下 KM_1 和 KM_3 后,KM_2 上端三相之间电阻值为电动机相间电阻值,KM_2 下端三相之间电阻值为0;同时按下 KM_1 和 KM_2 后,KM_1、KM_2 上下端以及 KM_3 的上端三相之间(主触点)电阻值应为电动机相间电阻值,KM_3 下端三相之间电阻值为0;同时按下 KM_2 和 KM_3 后,KM_1 上端三相之间(主触点)电阻值为0,KM_1 下端三相之间电阻值约为电动机相间电阻值的2倍。

② 常态下检查控制电路时,用万用表测得的控制熔断器两端的电阻值应为变压器380V侧电阻值;按下起动按钮后,读数应小于一个接触器线圈的阻值,大约为一个接触器线圈的阻值的1/4;同时按下停车按钮后阻值又变为变压器380V侧电阻值。

(16)应特别注意电动机的6个接线端子,上面3个端子从左至右为U、V、W,下面的3个端子从左至右为W′、U′、V′,即电动机的同一相绕组的2个端子为斜对位置,而非垂直位置。故接线时主电路 KM_1 和 KM_2 的上部接线端子应为左左、中中、右右连接,KM_2 的下部和 KM_3 的上部接线端子也应为左左、中中、右右连接;控制电路 KM_2 和 KM_3 互锁触点、KT延时闭合的常开触点和延时断开的常闭触点一定要看清,不得接错。

(17)通电试车前,必须征得指导教师同意,由指导教师接通三相电源总开关,并在现场监护。学生合上电源开关QF后,观察电源指示灯是否亮起。按下起动按钮,应为 KM_1、KM_3 和KT先吸合,电动机降压起动,延时若干秒后 KM_3 断开,KM_2 闭合,KT线圈释放。按下停车按钮,电动机应正常停车。

(18)调整时间继电器时间值,仔细观察电动机起动情况。

(19)出现故障后,学生应在指导教师的监护下独立进行检修。

(20)通电试车完毕后先切断电源,然后拆除电源线,再从主板上拆除电动机线接头。

六、成绩评定

考核及评分标准如表3-12所列。

表3-12 考核及评分标准

序号	考核项目	考核要求	评分标准	配分	扣分	得分
1	器件检查	(1)核对器材、工具数目; (2)检查元器件质量	(1)不做器件检查扣10分; (2)只做考核要求其中一项的扣5分; (3)检查不到位每处扣0.5分	10		

(续)

序号	考核项目	考核要求	评分标准	配分	扣分	得分
2	器件布局	(1) 合理量裁U形导轨和PVC线槽; (2) 合理布局电气元器件	(1) 量裁U形导轨和PVC线槽尺寸、形状不合理扣3分; (2) 电气元器件布局不合理每处扣0.5分	10		
3	器件安装	(1) 正确安装U形导轨和PVC线槽; (2) 牢固正确安装主板电气元器件; (3) 正确安装外围电气设备	(1) 器件安装不牢固每只扣2分; (2) 器件安装错误每只扣5分; (3) 安装不整齐、不匀称每只扣1分; (4) 元件损坏每件扣15分	20		
4	接线	(1) 按参考接线图正确接线; (2) 接线应符合有关GB要求	(1) 不按接线图接线扣10分; (2) 错、漏、多接1根线扣5分; (3) 违反规程(如"五、注意事项")每处扣5分; (4) 按钮开关颜色错误扣5分; (5) 主控导线使用错误,每根扣3分; (6) 配线不美观、不整齐、不合理,每处扣2分; (7) 漏接接地线扣10分	40		
5	试车	正确试车	(1) 违反规程(如"五、注意事项")试车扣20分; (2) 一次试车不成功扣15分; (3) 检查改正后二次试车不成功扣20分	20		
6	其他	(1) 安全文明生产; (2) 工时	(1) 违反安全文明生产每处扣5分,扣完为止; (2) 额定工时120min,每超10min扣10分,最长工时不得超过150min			

任务七 电动机的制动控制电路

由于机械惯性,三相异步电动机从切除电源到完全停止旋转,需要经过一定的时间,往往不能满足生产机械要求迅速停车的要求,也影响生产效率的提高,因此应对电动机进行制动控制。制动控制分为机械制动和电气制动。机械制动是用机械装置产生机械力来强迫电动机迅速停车,机械制动又有纯机械装置制动和电磁抱闸制动以及电磁离合器制动等方式,根据制动时有无电源,可分为得电制动和失电制动两种情况;电气制动是使电动机的电磁转矩方向与电动机旋转方向相反,起制动作用。电气制动有反接制动、能耗制动、再生制动,以及派生的电容制动等。这些制动方法各有特点,适用于不同场合。下面介绍几种常见的制动方式。

一、电磁抱闸机械制动控制

电磁抱闸制动以及电磁离合器制动的制动原理基本相同。图 3-60 所示为失电制动电磁抱闸结构示意图,电磁抱闸主要由电磁铁和闸瓦制动器组成。当电磁抱闸线圈通电时,衔铁吸合动作,克服弹簧力推动杠杆,使闸瓦松开闸轮,电动机能正常运转。反之,当电磁抱闸线圈断电时,衔铁与铁芯分离,在弹簧的作用下,闸瓦与闸轮紧紧抱住,电动机被迅速制动而停转。

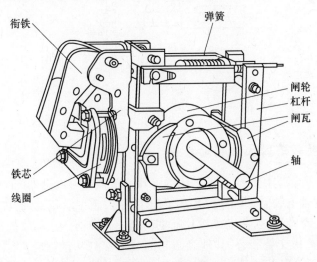

图 3-60 失电制动电磁抱闸结构示意图

电磁离合器又称电磁联轴节。它是应用电磁感应原理和内外摩擦片之间的摩擦力,使机械传动系统中两个旋转运动的零件,在主动零件不停止运动的情况下,与从动零件接合或分离的电磁机械连接器,它是一种自动执行的电器。电磁离合器可以用来控制机械的起动、反转、调速和制动等。它具有结构简单、动作快、控制能量小、便于远距离控制、体积小、扭矩大、制动迅速且平稳等优点。因此,电磁离合器广泛应用于各种加工机床和机械传动系统中。

图3-61所示为电磁抱闸失电制动的控制电路。图中YA为电磁抱闸电磁铁的线圈。按下SB_2,KM线圈通电吸合,YA得电,闸瓦松开闸轮,电动机起动。按下停止按钮SB_1,KM断电释放,电动机和YA同时断电,电磁抱闸在弹簧作用下,使闸瓦与闸轮紧紧抱住,电动机迅速制动而停转。

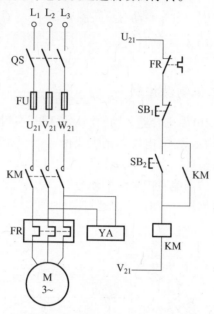

图3-61 电磁抱闸失电制动原理图

二、电磁离合器机械制动控制

图3-62所示为机床上普遍采用的多片式摩擦电磁离合器的结构简图。主动轴1的花键轴上装有主动摩擦片6(内摩擦片),它可沿花键轴自由移动,由于与主动轴1是花键连接,主动摩擦片随主动轴一起转动。从动摩擦片5(外摩擦片)与主动摩擦片交替装叠,其外缘凸起部分卡在与从动齿轮2固定在一起的套筒3内,因而可以随同从动齿轮一起转动,在内、外摩擦片未压紧之前,主动轴转动时它可以不转动。当电磁线圈8通电后产生磁场,将摩擦片吸向铁芯9,衔铁4也被吸住并紧紧压住各摩擦片。于是通过主动与从动摩擦片之间的摩擦力,如果作传动用,从动齿轮随主动轴一起转动;如果作制动用,则由于从动摩擦片事先做成固定状态,不能转动,所以主动摩擦片制动停转。如果加在离合器线圈上的电压达到额定值的85%~105%,就能可靠地工作。线圈断电时,装在内、外摩擦片之间的圈状弹簧使衔铁与摩擦片复位。从动齿轮停转,离合器不再传递工作力矩。电磁线圈一端通过电刷和集电环7输入直流电,另一端则接地。

其控制电路与电磁抱闸失电制动的图 3-62 控制电路相同。

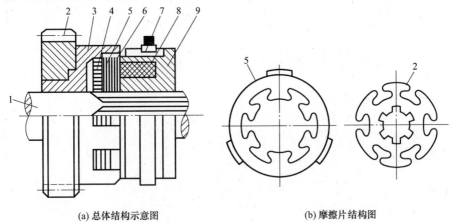

(a) 总体结构示意图　　　　　　　(b) 摩擦片结构图

图 3-62　多片式摩擦电磁离合器结构示意图
1—主动轴；2—从动齿轮；3—套筒；4—衔铁；5—从动摩擦片；
6—主动摩擦片；7—集电环；8—线圈；9—铁芯。

三、反接制动电气制动控制

所谓反接制动，就是改变异步电动机定子绕组中三相电源相序，产生与转子惯性转动方向相反的反向起动转矩而制动停转。

反接制动的关键在于将电动机三相电源相序进行切换，且当转速下降接近于零时，能自动将电源切除。控制电路是采用速度继电器来判断电动机的零速点并及时切断三相电源的。速度继电器 KS 的转子与电动机的轴相联，当电动机正常转动时，速度继电器的动合触点闭合，当电动机停车转速接近零时，其动合触点打开，切断接触器线圈电路。图 3-63 所示为反接制动控制电路。

（一）电路构成

主电路：接触器 KM_1 控制电动机 M 正常运转，接触器 KM_2 用来改变电动机 M 的电源相序。因电动机反接制动电流很大，所以在制动电路中串接了降压电阻 R 以限制反向制动电流。

控制电路：由两条控制回路组成。一条是控制 M 正常运转的回路，另一条是控制 M 反接制动的回路。

（二）电路工作过程

起动：按下 SB_2→KM_1 线圈得电→M 开始转动，同时 KM_1 动合辅助触点闭合自锁，KM_1 动断辅助触点断开，进行互锁。M 处于正常运转，KS 的触点闭合，为反接制动作准备。

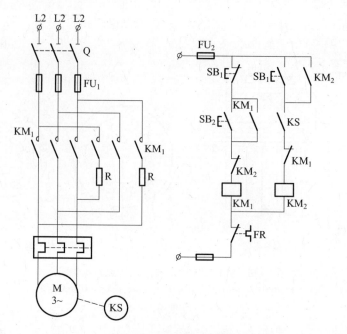

图 3-63 反接制动电路

制动:按下复合按钮 SB_1→KM_1 线圈失电,KM_2 线圈由于 KS 的动合触点在转子惯性转动下仍然闭合而得电并自锁,电动机进入反接制动,当电动机转速接近零时,KS 的触点复位断开→KM_2 线圈失电→制动结束,停机。

反接制动的优点是制动转矩大,制动效果显著。但其制动准确性差,冲击较强烈,制动不平稳,且能量消耗大。

四、能耗制动电气制动控制

能耗制动也称动力制动。其原理是当三相感应电动机脱离三相交流电源后,迅速在定子绕组上加一直流电源,使定子绕组产生恒定的磁场,此时电动机转子在惯性作用下继续旋转,切割定子恒定磁场,在转子中产生感应电流,这个感应电流使转子产生与其旋转方向相反的电磁转矩,该转矩是一个制动转矩,使电动机转速迅速下降至零。图 3-64 所示为能耗制动控制电路。

(一) 电路构成

主电路:接触器 KM_1 控制电动机 M 正常运转,接触器 KM_2 用来实现能耗制动。KT 为时间继电器,T 为整流变压器,UR 为桥式整流电路。

控制电路:同样由两条控制回路组成。一条是控制 M 正常运转的回路;另一条是控制 M 能耗制动的回路。

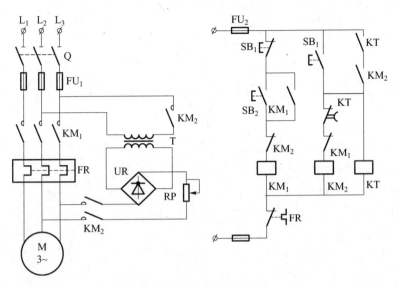

图 3-64 能耗制动电路

(二)电路工作过程

起动:按下 SB_2→KM_1 线圈得电→M 开始转动,同时 KM_1 动合辅助触点闭合自锁,KM_1 动断辅助触点断开,进行互锁。M 处于正常运转。

制动:按下复合按钮 SB_1→KM_1 线圈失电→电动机 M 脱离三相交流电源,同时其动合触点使 KM_2、KT 线圈得电→KM_2 主触点闭合→接入直流电源进行制动→转速接近零时,KT 延时时间到→KT 延时断开的动断触点断开→KM_2、KT 线圈失电,制动过程结束。

该电路中,将 KT 动合瞬动触点与 KM_2 自锁触点串联,是考虑时间继电器线圈断线或其他故障,致使 KT 的延时断开动断触点打不开而导致 KM_2 线圈长期得电,造成电动机定子长期通入直流电源。引入 KT 动合瞬动触点后,避免了上述故障的发生。

能耗制动与反接制动相比,制动平稳、准确,能量消耗少,但制动转矩较弱,特别是在低速时制动效果差,并且还要提供直流电源。实际使用中,应根据设备的工作要求选用合适的制动方法。

技能训练十四 电动机可逆运行能耗制动控制线路的安装与调试实训

一、实训内容

(1) 主板及外围元器件的安装。

(2) 主板线槽配线(软线)操作。

(3) 外围设备、元器件内部接线操作。

(4) 主板与外围设备及元器件互连接线操作。

(5) 通电试车。

(6) 制动时间调试。

二、参考电路图

(1) 电气原理图如图 3-65 所示。

(2) 主板元器件布置图如图 3-66 所示。

(3) 主板内部接线图如图 3-67 所示。

(4) 主板与外部设备互连接线图如图 3-68 所示。

三、实训器材、工具

常用实训器材、工具如表 3-13 所列。

表 3-13 实训器材、工具

序号	名称	型号与规格	单位	数量/套	备注
1	带单相、三相交流电源工位	自定	台	1	
2	网孔板	600mm×500mm	块	1	
3	U形导轨	标准导轨	m	2	
4	带帽自攻螺丝	M3×8	个	100	
5	PVC配线槽	25×25	根	2	
6	软铜导线	BRV-1.5,BRV-0.75	m	若干	
7	卷式结束带		m	若干	
8	OM线号管		m	若干	
9	三相异步电动机	YS-5034,60W,380V	台	1	
10	断路器	DZ47-63,三极	个	1	
11	熔断器	RT18-32,5A,2A	个	5	
12	交流接触器	LC1 D0910 F4-11 10A	个	2	
13	热继电器	JR16	个	1	
14	按钮	LA42	个	3	
15	变压器	Kb-100,380/110V	个	1	
16	速度继电器	JY1 或 SR-FD2	个	1	
17	整流器	KBPC1510,15A	个	1	
18	制动时间调节电阻	BX7D-1/3	个	1	
19	端子排	E-UK-5N(600V,40A)	片	20	

（续）

序号	名称	型号与规格	单位	数量/套	备注
20	电工通用工具	验电笔、螺丝刀（包括十字口螺丝刀、一字口螺丝刀）、电工刀、尖嘴钳、斜尖嘴钳、剥线钳等	套	1	
21	万用表	自定	块	1	
22	盒尺	1m	个	1	
23	手锯弓、锯条		套	1	
24	线号打印机		台	1	
25	配线槽剪刀		把	1	

四、实训步骤及要求

（1）识读参考电路原理图（图3-65），熟悉线路的工作原理。

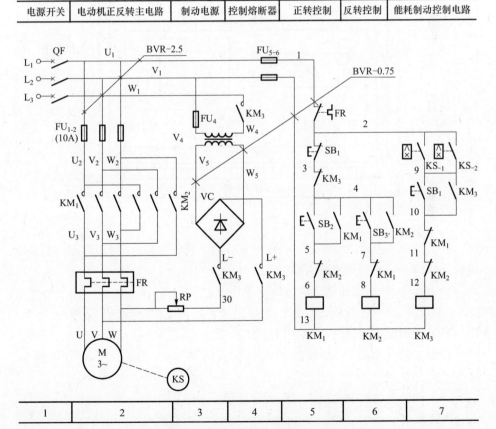

图3-65 电动机正反转（互锁环节）原理电路

(2) 明确线路所用器件、材料及作用,清点所用器件、材料并进行检验。

(3) 在网孔板上按参考元器件布置图(图3-66)试着摆放电气元件(可根据实际情况适当调整布局)。用盒尺量取 U 形导轨合适的长度,用钢锯截取;用盒尺量取 PVC 配线槽合适的长度,用配线槽剪刀截取。安装主板 U 形导轨、配线槽及电气元件,并在主要电气元件上贴上醒目的文字符号。

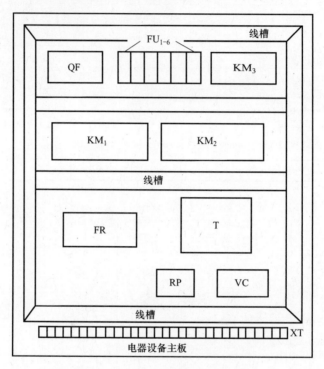

图3-66 元器件布置图

(4) 按参考主板内部接线图(图3-67)的走线方法(也可合理改进)进行主板板前线槽布线并在导线两头套上打好号的线号套管。

(5) 接电动机、按钮箱内部接线端子连线。

(6) 按外部互连接线图(图3-68)连接主板与电源、电动机、速度继电器、按钮箱等外部设备的导线(导线用卷式结束带卷束)。

(7) 安装完毕后,必须经过感观和仪表认真检查,确认无误后方可通电试车。

(8) 调整电动机制动结束时间至合适值。

五、注意事项

(1) 电动机及按钮的金属外壳必须可靠接地。

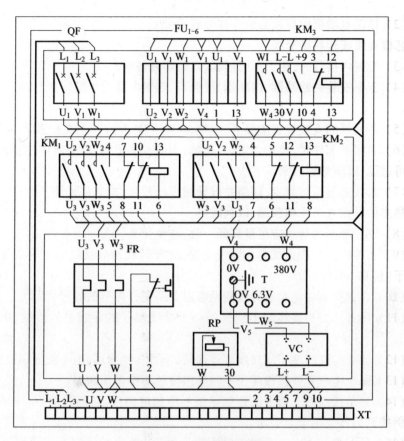

图 3-67 主板内部接线图

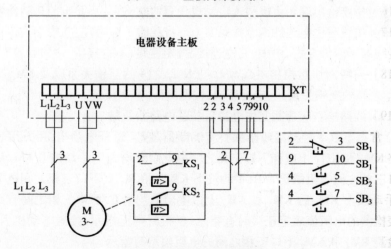

图 3-68 外部互连接线图

153

(2) 接至电动机的导线必须穿在导线卷式结束带内加以保护,或采用坚韧的四芯橡皮线或塑料护套线。

(3) 按钮内接线时,用力不可过猛,以防螺钉打滑。

(4) 上下安装的断路器、熔断器、接触器、热继电器受电端应在上侧,下侧接负载。

(5) 各元件的安装位置应整齐、匀称,间距合理,便于元件的更换。

(6) 紧固各元件时,要用力均匀、谨慎,紧固程度适当,以免损坏;接线时,用力不可过猛,以防螺钉打滑。

(7) 布线通道尽可能少,同路并行导线尽量按主、控电路分开,分不开的,要将发热多的导线置于线槽顶端,以利散热。

(8) 同一平面的导线应尽量高低一致,避免交叉。

(9) 布线时严禁损伤线芯和导线绝缘,必要时软铜导线线头上锡或连接专用端子(俗称"线鼻子")。

(10) 在每根剥去绝缘层导线的两端套上事先打好号的线号套管。

(11) 所有从一个接线端子到另外一个接线端子的导线必须连续,中间无接头。

(12) 导线与接线端子或接线桩连接时,不得压绝缘层,也不能露铜过长。

(13) 每个电气元件接线端子上的连接导线不得多于两根。

(14) 每节接线端子板上的连接导线不得超过两根,若超过两根,应采用短导线例接到另外空端子上引出。

(15) 桥式整流堆有2个输入接线端子和2个输出接线端子,不可接反。

(16) 桥堆输出端正负极引入电动机任意两相均可,不影响能耗制动效果。

(17) 接线时主电路的两个接触器上部接线端子应为左左、中中、右右连接,下部接线端子应为左右、中中、右左连接,按图接线,不得接错。

(18) 应特别注意控制电路 KM_1 与 KM_2 之间的互锁关系以及 KM_1 和 KM_2 与 KM_3 之间的互锁关系,一定要看清,按图接线,不得接错。

(19) 线路检查应遵循先主电路后控制电路的原则。

① 常态下取下控制熔断器和整流熔断器熔芯、断开电动机,用万用表检测主电路 KM_1 和 KM_2 上口和下口三相之间的电阻值均为0;手动按下 KM_1 后 KM_2 上下口三相之间电阻值仍为0,手动按下 KM_2 后 KM_1 上下口三相之间电阻值仍为0;手动按下 KM_3 后 KM_1 和 KM_2 上口电阻值均为0,下口三相之间有两相用万用表检测的电阻值表笔正接时有指示,反接时则无指示;接通电动机后,用万用表检测 KM_1 和 KM_2 下口三相之间的电阻值均有指示。

② 常态下检查控制电路时,用万用表测得的控制熔断器负载侧两端的电阻

值应为∞；按下任一起动按钮后，读数应等于一个接触器线圈的阻值；同时按下停车按钮后阻值又变为∞。

③ 常态下检查整流电路时断开电动机，测得整流器输入端阻值正反表笔均为∞，测得整流器输出端阻值正表笔时有指示，反表笔时无指示；手动按下 KM_3 且转动可调电阻时，用万用表检测的电动机能耗制动直流电源输入端电阻随可调电阻的转动而发生变化。

(20) 通电试车前，必须征得指导教师同意，由指导教师接通三相电源总开关，并在现场监护。学生合上电源开关 QF 后，用验电笔或万用表检查电源是否接通。按下正转起动按钮，应为 KM_1 先吸合，按下停车按钮，KM_1 释放，KM_2 和 KM_3 吸合，电动机立即制动停车；按下反转起动按钮 KM_2 吸合，按下停车按钮，KM_2 释放，KM_1 和 KM_3 吸合，电动机立即制动停车；电动机正转时按下反转起动按钮电路无效，电动机反转时按下正转起动按钮亦无效。

(21) 调整可调电阻 R_p 的大小，仔细观察电动机制动结束时间，调整至电动机刚好停车时结束制动。

(22) 出现故障后，学生应在指导教师的监护下独立进行检修。

(23) 通电试车完毕后先切断电源，然后拆除电源线，再从主板上拆除电动机接线头。

六、成绩评定

考核及评分标准如表 3-14 所列。

表 3-14 考核及评分标准

序号	考核项目	考核要求	评分标准	配分	扣分	得分
1	器件检查	(1) 核对器材、工具数目； (2) 检查元器件质量	(1) 不做器件检查扣 10 分； (2) 只做考核要求其中一项的扣 5 分； (3) 检查不到位每处扣 0.5 分	10		
2	器件布局	(1) 合理量裁 U 形导轨和 PVC 线槽； (2) 合理布局电气元器件	(1) 量裁 U 形导轨和 PVC 线槽尺寸、形状不合理扣 3 分； (2) 电气元器件布局不合理每处扣 0.5 分	10		
3	器件安装	(1) 正确安装 U 形导轨和 PVC 线槽； (2) 牢固正确安装主板电气元器件； (3) 正确安装外围电气设备	(1) 器件安装不牢固每只扣 2 分； (2) 器件安装错误每只扣 5 分； (3) 安装不整齐、不匀称每只扣 1 分； (4) 元件损坏每件扣 15 分	20		

（续）

序号	考核项目	考核要求	评分标准	配分	扣分	得分
4	接线	（1）按参考接线图正确接线； （2）接线应符合有关GB要求	（1）不按接线图接线扣10分； （2）错、漏、多接1根线扣5分； （3）违反规程（如"五、注意事项"）每处扣5分； （4）按钮开关颜色错误扣5分； （5）主控导线使用错误，每根扣3分； （6）配线不美观、不整齐、不合理，每处扣2分； （7）漏接地线扣10分	40		
5	试车	正确试车	（1）违反规程（如"五、注意事项"）试车扣20分； （2）一次试车不成功扣15分； （3）检查改正后二次试车不成功扣20分	20		
6	其他	（1）安全文明生产； （2）工时	（1）违反安全文明生产每处扣5分，扣完为止； （2）额定工时120min，每超10min扣10分，最长工时不得超过150min			

项目四 典型机床电气控制电路

在机床设备中,电气控制系统起着至关重要的作用,它可以根据生产要求的不同,使生产机械实现各种运行状态。不同机械设备的工作方式、工艺要求各不相同,因此它们的电气控制系统也具备不同的特点。本项目将介绍 CA6140 型卧式车床、Z3040 型摇臂钻床、M7130 型平面磨床、X62W 型万能铣床等典型机床的电气控制系统。机床的种类很多,有的机床的控制电路比较简单,有的则比较复杂。但无论多复杂的电路,几乎都是由若干基本控制电路所组成的。因此,熟悉各种典型电路,在识图时就能迅速地分清主次环节,抓住主要矛盾,从而看懂较复杂的控制电路图。机床电路控制的一般分析方法如下:

(1) 先看主电路。首先,从主电路入手,看该机床由几台电动机来拖动,根据各电气元件的组合判断电动机的起、停、正转、反转、制动等工作状况。其次,搞清楚各电动机拖动机床的哪一个部件,这些电动机分别用哪些接触器或开关控制,有没有正、反转或降压起动,有没有电气制动。然后,分清各电动机由哪些电气元件进行短路保护,由哪些电气元件进行过载保护等。

(2) 再看控制电路,控制电路一般分为几个部分,每个部分一般主要控制一台电动机。可将主电路中接触器的文字符号和控制电路中的相同文字符号一一对照,分清控制电路中哪一部分电路控制哪一台电动机,如何控制。要特别注意各环节之间的联系和制约关系,以及与机械、液压部件的动作关系,同时搞清楚它们之间的联锁是怎样的,机械操作手柄和行程开关之间有什么联系,各个电器线圈得电后它们的触点如何动作。

(3) 最后看其他电路,如照明与信号等电路,一般较为简单,很容易分析。

任务一 CA6140 型卧式车床电气控制

车床是机械加工中应用最广泛的一种机床,它可用来车削工件的内圆、外圆、端面、螺纹等。除使用车刀以外,还可使用钻头、绞刀和镗刀等刀具对工件进行加工。车床的种类很多,按结构形式的不同可分为卧式车床、立式车床等,其中 CA6140 型卧式车床是实际应用最多的车床之一,本节以 CA6140 型卧式车床为例进行车床电气控制分析。

一、CA6140 型卧式车床的主要结构和运动形式

1. CA6140 型卧式车床的主要结构

CA6140 型卧式车床外形结构如图 4-1 所示,它主要由主轴箱、车身、刀架及溜板、尾座、溜板箱、进给箱、丝杠和光杠等部件组成。电动机的动力是由一台 7.5kW 笼型异步电动机通过 V 带传动,由主轴箱传到主轴,再由主轴通过卡盘或顶尖带动工件旋转,变换主轴变速箱外手柄的位置,可以改变主轴的转速。进给运动也由主轴电动机拖动,主轴电动机传来的动力,经主轴箱,再由光杠或丝杠传至溜板箱,带动刀架作纵、横向进给运动。

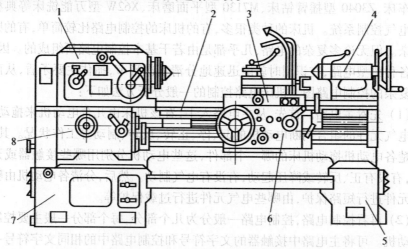

图 4-1 CA6140 型车床外形结构图
1—主轴箱;2、5、7—车身;3—刀架及溜板;4—尾座;6—溜板箱;8—进给箱

2. CA6140 型卧式车床的运动形式

(1) 主运动:车床的主运动是工件的旋转运动。
(2) 进给运动:车床的进给运动是刀具的直线运动。
(3) 辅助运动:车床的辅助运动是刀具的快速直线移动。

二、CA6140 型卧式车床电力拖动特点及要求

(1) 主轴电动机:拖动车床的主运动和进给运动,CA6140 型卧式车床主轴的正、反转是通过双向片式摩擦离合器来实现的,因此,一般只要求主轴电动机单向旋转。
(2) 液泵电动机:不断地向工件和刀具输送切削液,进行冷却,只需正向

起动。

(3) 刀架快速移动电动机：拖动车床的辅助运动。

(4) 电路中应设置过载保护、短路保护、欠压及失压保护。

三、CA6140 型卧式车床电气控制电路分析

CA6140 型卧式车床的电气控制电路由主电路、控制电路、照明电路三部分组成，其电气控制电路如图 4-2 所示。

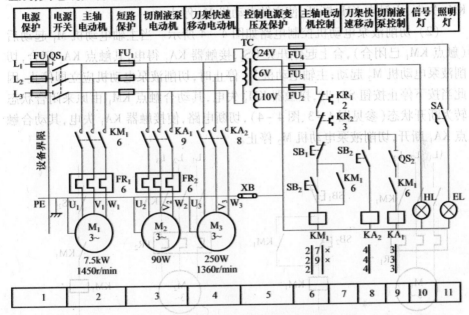

图 4-2　CA6140 型卧式车床的电气控制电路

1. 主电路

(1) 电源由转换开关 QS_1 引入。

(2) 主电路有三台电动机：M_1 为主轴电动机，拖动车床的主运动和进给运动，它的运转和停止由接触器 KM_1 控制，由于电动机的容量不大，故可采用直接起动；M_2 为切削液泵电动机，它的作用是不断地向工件和刀具输送切削液，以降低它们在切削过程中产生的高温，它由中间继电器 KA_1 控制，切削液泵电动机在主轴电动机起动后才可接通，当主轴电动机停止时，切削液泵电动机应立即停止；M_3 为刀架快速移动电动机，它由中间继电器 KA_2 控制。

(3) 热继电器 FR_1 和 FR_2 分别对主轴电动机 M_1 和切削液泵电动机 M_2 进行过载保护。由于刀架快速移动电动机 M_3 是短期工作，所以未设过载保护；进入车床前的电源处已装有熔断器 FU，因此主轴电动机没有加熔断器作短路保护；熔断

器 FU_1 对切削液泵电动机和刀架快速移动电动机及控制电路等作短路保护。

2. 控制电路

控制电路的电源由控制变压器 TC 将 380V 降为 110V 供电,并由熔断器 FU_2 作短路保护。热继电器 FR_1 和 FR_2 的动断触点串联在控制电路中,电动机过载时,其动断触点断开,控制电路断电,电动机停止。

(1)主轴电动机控制如图 4-3 所示。按下起动按钮 SB_2,使接触器 KM_1 得电自锁,KM_1 主触点闭合,主轴电动机 M_1 起动;按下停止按钮 SB_1,使接触器 KM_1 失电,主触点 KM_1 断开,使主轴电动机 M_1 停止。

(2)切削液泵电动机控制电路如图 4-4 所示。当主轴电动机 M_1 起动后(触点 KM_1 已闭合),合上起停开关 QS_2,接触器 KA 得电,其触点 KA_1 闭合,切削液泵电动机 M_2 起动;主轴电动机 M_1 停止时,切削液泵电动机应立即停止,因此当按下停止按钮 SB_1 时,接触器 KM_1 失电,其动合触点 KM_1 由原来闭合状态转为断开状态(参见图 4-3、图 4-4),切断电路,使接触器 KA_1 失电,其动合触点 KA_1 断开,切削液泵电动机 M_2 停止。

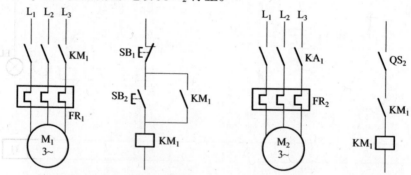

图 4-3 主轴电动机控制电路　　图 4-4 切削液泵电动机控制电路

(3)刀架快速移动电动机控制电路如图 4-5 所示。按下起动按钮 SB_3,接触器 KA_2 得电,其动合触点闭合,刀架快速移动电动机 M_3 起动;松开 SB_3,接触器 KA_2 失电,其动合触点断开,刀架快速移动电动机 M_3 停止。

3. 照明、信号电路和保护环节

这一部分控制电路比较简单,可参照图 4-2 进行分析。照明灯 EL 由控制变压器 TC 二次侧电压 24V 供电,通断由开关 SA 控制,熔断器 FU_4 作短路保护;指示灯 HL 由二次侧电压 6V 供电,熔断器 FU_3 作短路

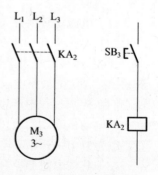

图 4-5 刀架快速移动电动机控制电路

保护。当电源开关 QS_1 合上后,指示灯 HL 亮,表示车床已开始工作。

当电动机出现故障使其外壳带电或控制变压器 TC 的一次绕组和二次绕组发生短路时,可通过公共端 XB 接地,保护操作人员的人身安全。

四、CA6140 型卧式车床常见电气故障分析

1. 主轴电动机不能起动
(1) 熔断器 FU 的熔丝熔断,应更换新的熔丝;
(2) 起动按钮 SB_2 没有吸合或触点接触不良,应修理或更换;
(3) 控制电路的熔断器 FU_2 熔丝已断,应更换新的熔丝;
(4) 接触器 KM_1 线圈已损坏,应修理或更换新的接触器。

2. 切削液泵电动机不能起动
(1) 主轴电动机 M_1 尚未起动,应先起动主轴电动机 M_1;
(2) 熔断器 FU_1 的熔丝已断,应更换熔丝;
(3) 起停开关 QS_2 已损坏,应更换新的开关;
(4) 切削液泵电动机 M_2 已损坏,应修理或更换新的。

3. 按下起动按钮,电动机发出嗡嗡声,不能起动
(1) 接触器有一对主触点接触不良,应修复触点;
(2) 熔断器有一相熔丝烧断,应更换熔丝;
(3) 电动机接线有一处断线,应修理或更换新的。

4. 按下停止按钮,主轴电动机不停
(1) 停止按钮动断触点被卡住,不能断开,应更换停止按钮;
(2) 接触器主触点虚焊或被卡住无法复位,应修复或更换接触器。

5. 照明灯不亮
(1) 照明灯已损坏,应更换新的;
(2) 照明灯开关 SA 未按下或已损坏,应按下开关 SA 或更换新的开关;
(3) 熔断器 FU_4 的熔丝已断,应更换新的熔丝;
(4) 变压器 TC 的一次绕组或二次绕组已损坏,应更换新的变压器。

技能训练十五　CA6140 型卧式车床主轴电机控制电路设计

一、检修前电路图的分析与识读

图 4-6 所示是 C650 型卧式车床的电气控制原理电路图。

1. 主电路分析

图中组合开关 QS 为电源开关。FU_1 为主电动机 M_1 的短路保护熔断器,

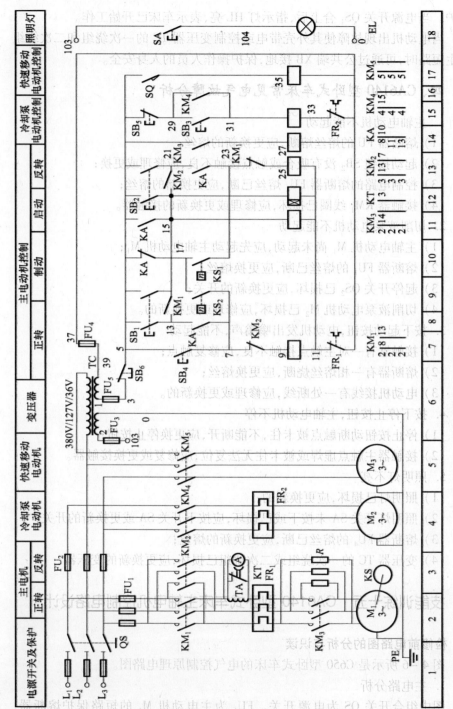

图4—6 C650型卧式车床的电气控制原理电路图

FR_1 为其过载保护用热继电器。R 为限流电阻,在主轴点动时,起限制起动电流的作用;在停车反接制动时,又起限制过大的反向制动电流的作用。电流表 PA 用来监视主电动机 M_1 的绕组电流,由于 M_1 功率很大,故 PA 接入了电流互感器 TA 的回路。机床工作时,可调整切削量,使电流表 PA 显示的电流接近主电动机 M_1 额定电流值,以便提高生产效率和充分利用电动机的潜力。KM_1、KM_2 为 M_1 正、反转接触器。KM_4 为接通冷却泵电动机 M_2 的接触器。FR_2 为 M_2 过载保护用热继电器。KM_5 为接通快速电动机 M_3 的接触器,由于 M_3 为点动短时运转,故不设置热继电器。

2. 控制电路分析

(1) 主电动机的点动调整控制:当按下点动按钮 SB_4 不松手时,接触器 KM_1 线圈通电,KM_1 主触点闭合,电源电压必须经限流电阻 R 通入主电动机 M_1,从而减少了起动电流。由于中间继电器 KA 未得电,因此虽然 KM_1 的辅助常开触点 13 - 15 间已闭合,但不自锁。因而,当松开 SB_4 后,KM_1 线圈随即断电,主电动机 M_1 停车。

(2) 主电动机的正反转控制:主电动机 M_1 的额定功率为 30kW,但只在车削时消耗功率较大,起动时负载很小,因而起动电流并不是很大。所以,在非频繁点动工作时,仍然采用了全压直接起动。

当按下正向起动按钮 SB_1 时,KM_3 通电,其主触点闭合,短接限流电阻尺,另有一个常开辅助触点 5 - 27 间闭合,使得 KA 得电,其常开触点闭合,使得 KM_3 在松开后也能保持得电,KA 也保持得电。另外,当 SB_1 尚未松开时,由于 KA 的另一常开触点 13 - 7 间已闭合,故使得 KM_1 通电,其主触点闭合,主电动机 M_1 全压起动运行,KM_1 的辅助常开触点 13 - 15 间也闭合。这样,当松开 SB_1 后,由于 KA 的两个常开触点保持闭合,故可形成自锁通路,从而 KM_1 保持通电。在 KM_3 得电的同时,延时继电器 KT 通电,TA 延时断开,从而避免电流表受到起动电流的冲击。

SB_4 为反向起动按钮。反向起动过程同正向时类似,请自行分析。

(3) 主电动机的反接制动控制:C650 型车床采用反接制动方式,用速度继电器 KS 进行检测和控制。

若原来主电动机 M_1 正转运行,则 KS 的正向常开触点 KS_1 闭合,而反向常开触点 KS_2 断开。当按下反向总停按钮 SB_6 后,原来得电的 KM_1、KM_3、KT 和 KA 就随即断电,它们的所有触点均被释放而复位。然而,当 SB_6 松开后,反转接触器 KM_2 立即通电,电流通路:FU_5→SB_6 常闭触点→KA 常开触点 5 - 17 间→KS 正向常开触点 KS_1→KM_1 常闭触点 23 - 25 间→KM_2 线圈→FR_1 常闭触点→FU_4。于是,主电动机 M1 串电阻反接制动,正向转速很快降下来,当降到

100r/min 时,KS 的正向常开触点 KS_1 断开复位,从而切断了上述电流通路,正向反接制动结束。

反向反接制动过程在此不再赘述。

(4) 刀架的快速移动:转动刀架手柄,限位开关 SQ 被压动而闭合,使得快速移动接触器 KM_5 得电,快速移动电动机 M_3 起动运转。而当刀架手柄复位时,M_3 随即停转。

3. 冷却泵电动机 M_2 的控制

按下 SB_3 起动按钮,冷却泵电动机 M_2 起动;按下 SB_5 停止按钮,冷却泵电动机 M_2 停止转动。

4. 照明、信号电路分析

图 4-6 中 TC 为控制变压器,其二次侧有两路:一路为 127V,提供给控制电路;另一路为 36V,提供给工作照明电路,照明灯 EI 由 SA 控制。

5. 电流指示电路

虽然电流表 PA 接在电流互感器 TA 回路里,但主电动机 M_1 起动时对它的冲击仍然很大。为此,在线路中设置了时间继电器 KT 进行保护。当主电动机正向或反向起动时,并联在 PA 两端的 KT 触点接通,电流表无指示;当起动结束后,并联在 PA 两端的 KT 触点断开,PA 投入指示。

二、检修实训

1. 实训内容

C650 型卧式车床电气控制线路的故障判断与检修。

2. 实训器材、资料

常用电工工具;仪表(万用表、500V 兆欧表、钳形电流表);C650 型卧式车床(或相应模拟装置);C650 型卧式车床(或相应模拟装置)电路图(原理图、接线图、电气元件明细表)。

3. 电气线路常见故障判断与检修示例

1) 故障一

(1) 故障现象:整车不能起动。

(2) 分析判断:分析 C650 型卧式车床电路原理图,可能产生的故障原因有:①三相电源无电;②三相电源缺相;③QS 开关故障;④FU_2 熔断或接触不良;⑤控制变压器损坏;⑥FU_4 熔断或接触不良;⑦FU_5 熔断或接触不良;⑧SB_6 按钮损坏;⑨FR_1 动作等。

(3) 检修过程:①检查三相电源发现电压正常;②合电源开关,合工作照明灯开关,工作照明灯亮正常;③通电扳动快速移动手柄,刀架快移正常,怀疑 SB_6 接触不良;④断电短接 SB_6(3-5),通电试车成功,功能恢复;⑤更换 SB_6 按钮开关,并恢复接线,再次试车一切完好。所以,故障为 SB_6 按钮开关损坏。

2) 故障二

(1) 故障现象:刀架不能快移,其他功能正常。

(2) 分析判断:分析 C650 型卧式车床电路原理图,可能产生的故障原因有:①SQ 行程开关损坏;②KM_5 接触器损坏;③M_3 电动机损坏;④机械故障。

(3) 检修过程:①通电扳动快速移动手柄,刀架不能快移,且听不到接触器吸合的声音;②通电瞬间手动压下 KM_5 接触器,快移电动机转动,刀架快移;③更换 SQ 行程开关,并恢复接线,再次试车一切完好。所以,故障为 SQ 行程开关损坏。

3) 故障三

(1) 故障现象:主轴无制动。

(2) 分析判断。分析 C650 型卧式车床电路原理图,可能产生的故障原因有:①KA 中间继电器常闭触点 5-17 不能闭合;②速度继电器 KS 损坏。

(3) 检修过程:①断电检查 KA 中间继电器常闭触点 5-17 闭合情况,发现该触点 5-17 闭合完好;②断开速度继电器 KS 三条引出线,并用绝缘胶布裹好线头;③通电启车,用万用表检测 KS 两常开触点通断情况,发现两常开触点均不闭合;④拆卸速度继电器 KS 时,发现其与电动机连接处松开;⑤取下速度继电器 KS,检测未发现问题,怀疑故障系连轴器锁丝松脱所致;⑥重新安装好速度继电器试车一切完好。所以,故障为速度继电器与电动机连轴器锁丝松脱。

4. 实训步骤及要求

(1) 在教师的指导下进行车床操作,了解车床的各种工作状态及操作方法;

(2) 在教师的指导下,参照电气原理图和电气安装接线图,熟悉车床电气元件的分布位置和走线情况;

(3) 在车床上或车床模拟板上手动设置故障,由教师边讲解边示范检修全过程;

(4) 由教师设置故障,学生进行检修。学生应根据故障现象,先分析电路图,并设计检修程序;

(5) 根据检修程序,采用正确的检查方法排除故障,在规定时间内查出并排除故障;

(6) 检修后由教师及时纠正学生在检修中存在的问题;

(7) 检修时严防损坏电气元件或设备,以免扩大故障范围和产生新的故障。

5. 注意事项

(1) 检修前要认真阅读电路图,掌握各个控制环节的原理及作用,并认真仔细地观察教师的示范检修;

(2) 由于车床的电气控制与机械结构的配合十分紧密,因此,一定要弄清机械与电气的联锁关系;

(3) 检修时,要仔细分析故障原因所在,严格按检修流程进行,切不可盲目检修;

(4) 在修复故障时,要注意分析造成故障的真正原因,以避免再次发生同一故障;

(5) 检修后,要注意设备部件的及时恢复(如检修时拆下接触器灭弧罩,检修后应恢复灭弧罩),以防引起二次故障;

(6) 检修前要先调查研究,检修时停电要验电;带电检修时,工具、仪表使用要正确,必须有指导教师在现场监护,以确保安全。

(7) 故障设置原则:

① 在规定的时间内,按照故障的难易程度设置较难、中等、较易三个故障点供学生分析排除。

② 故障的设置面应涵盖所有控制电路。

③ 三个故障点中应至少有一个需要通电试验检修。

④ 故障的设置应力求接近生产实际中容易出现的故障类型并兼顾整体电路的认知和理解。

⑤ 有条件的可结合机械故障检修进行。

6. 成绩评定

考核及评分标准如表 4-1 所列。

表 4-1 考核及评分标准

项目内容	评分标准	配分	扣分	得分
故障分析	排除故障前不进行分析研究扣 5 分; 检修思路不正确扣 5 分; 找不出故障点或找错位置,每处扣 5 分; 以上扣分,累计扣完 30 分为止	30		
故障检修	使用工具、仪表不正确,每次扣 5 分; 检查故障方法不正确扣 10 分; 查出故障不会排除,每处扣 10 分; 检修中扩大故障范围扣 10 分; 少查、少排一个故障扣 5 分; 损坏元器件每处扣 5 分; 通电检修操作不正确扣 10 分; 以上扣分,累计扣完 60 分为止	60		

(续)

项目内容	评分标准	配分	扣分	得分
安全文明生产	不验电扣5分； 防护用品穿戴不齐全扣5分； 结束后未整理现场扣5分； 检修中乱放或丢失器件扣5分； 检修中出现短路或触电事故扣10分； 以上扣分，累计扣完10为止	10		
工时	排除两个故障额定工时60min，每超10min扣10分，最长工时不得超过90min			
合计		100		

任务二 Z3040型摇臂钻床的电气控制

钻床是一种加工孔的机床，可用于钻孔、扩孔、铰孔、锪孔、攻丝及修刮端面等。钻床的种类很多，按其用途和结构可分为台式钻床、立式钻床、卧式钻床、摇臂钻床、多轴钻床及其他专用钻床等。Z3040型摇臂钻床具有操作方便、灵活、适用范围广等特点，特别适用于生产中带有多孔的大型零件的孔加工，是钻床中应用最广泛的一种机床。下面以Z3040型摇臂钻床为例进行分析。

一、Z3040型摇臂钻床的主要结构及运动形式

1. Z3040型摇臂钻床的主要结构

Z3040型摇臂钻床的外形结构如图4-7所示，主要由内立柱、外立柱、主轴箱、摇臂、工作台和底座等部分组成。主轴箱由主传动电动机、主轴和主轴传动机构、进给和变速机构以及机床的操作机构等部分组成。主轴箱安装在摇臂的水平导轨上，内立柱固定在底座的一端，外立柱套在它的外面，并可绕内立柱回转360°。摇臂的一端为套筒，套装在外立柱上，不能绕外立柱转动，而只能与外立柱一起绕内立柱回转，还可借助丝杠的正、反转沿外立柱作上下垂直移动。

2. 摇臂钻床的运动形式

钻削加工时，钻头一边进行旋转切削，一边进行纵向进给。其运动形式如下：

(1) 主运动 摇臂钻床的主运动：是指主轴的旋转运动。

(2) 进给运动 摇臂钻床的进给运动：是指主轴的纵向进给运动。

(3) 辅助运动 摇臂钻床的辅助运动是指：

① 摇臂与外立柱一起绕内立柱的回转运动；

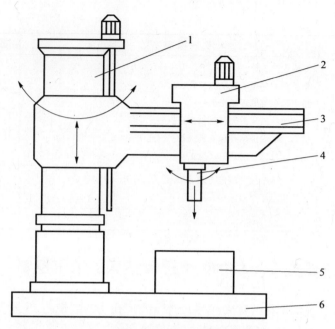

图 4-7 Z3040 型摇臂钻床的外形结构
1—内、外立柱；2—主轴箱；3—摇臂；4—主轴；5—工作台；6—底座。

② 摇臂沿外立柱上导轨的上下垂直移动；

③ 主轴箱沿摇臂长度方向的左右移动。

二、Z3040 型摇臂钻床的电力拖动特点及控制要求

（1）为了简化机械传动装置，摇臂钻床采用直接起动的方式起动 4 台电动机进行拖动：①主轴电动机，带动主轴旋转；②摇臂升降电动机，带动摇臂进行升降；③液压泵电动机，拖动液压泵供出压力油，使液压系统的夹紧机构实现夹紧与放松；④冷却泵电动机，驱动冷却泵供给机床冷却液。

（2）摇臂钻床的主运动和进给运动均为主轴的运动，可由一台主轴电动机拖动，并通过传动机构分别实现主轴的旋转和进给。

（3）主轴电动机和冷却泵电动机只需要正向旋转，摇臂升降电动机和液压泵电动机因需分别实现升降和夹紧与放松，要求能正反向旋转。

（4）应具备完善的保护环节和照明电路。

三、Z3040 型摇臂钻床电气控制电路

Z3040 型摇臂钻床是在 Z35 型钻床的基础上进行改进的新产品，其电气控制电路有多种形式，图 4-8 所示为常见的一种摇臂钻床的电气控制电路。

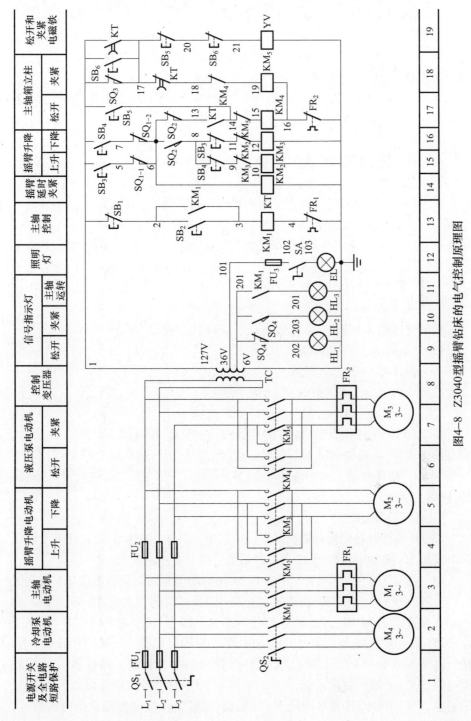

图4-8 Z3040型摇臂钻床的电气控制原理图

1. 主电路分析

Z3040型摇臂钻床共有4台电动机,除冷却泵电动机采用转换开关QS_2直接控制外,其余3台异步电动机均采用接触器直接起动。三相电源由QS_1引入,FU_1用于全电路的短路保护。

M_1是主轴电动机,由交流接触器KM_1控制,只要求单方向旋转,主轴的正反转由机械手柄操作。M_1装在主轴箱顶部,带动主轴及进给传动系统,热继电器FR_1是过载保护元件。

M_2是摇臂升降电动机,装于主轴顶部,用接触器KM_2和KM_3控制正反转。因为该电动机短时间工作,故不设过载保护。

M_3是液压泵电动机,可以作正向转动和反向转动。正向旋转和反向旋转的起动与停止由接触器KM_4和KM_5控制。热继电器FR_2是液压泵电动机的过载保护电器。M_3的主要作用是供给夹紧装置压力油,实现摇臂和立柱的夹紧与松开。

M_4是冷却泵电动机,功率很小,由开关直接接通和断开电源。因为容量较小,所以不需要过载保护。

2. 控制电路分析

控制变压器TC将380V电源降压为127V,作为控制电路的工作电压。

1) 开车前的准备工作

为了保证操作安全,本机床具有"开门断电"功能。所以开车前应将立柱下部及摇臂后部的电门盖关好,方能接通电源。

2) 主轴电动机M_1的控制

按下起动按钮SB_2,则接触器KM_1线圈通电吸合,KM_1动合触点2-3闭合,起自锁作用,使主轴电动机M_1起动运行,同时主轴旋转指示灯HL_3亮。按下停止按钮SB_1,则接触器KM_1线圈断电,KM_1主触点断开,使主电动机M_1停止旋转,同时主轴旋转指示灯HL_3熄灭。

3) 摇臂升降的控制

Z3040型摇臂钻床摇臂的升降不仅需要电动机M_2的转动,而且还需要液压泵电动机M_3拖动液压泵,使液压夹紧系统协调配合才能实现。

(1) 摇臂上升:按下摇臂上升按钮SB_3,则断电延时时间继电器KT通电吸合,它的动合触点1-17瞬时闭合,使电磁阀YV线圈通电吸合,而KT瞬时闭合的动合触点13-14闭合,接触器KM_4线圈通电吸合,液压泵电动机M_3起动正向旋转,供给压力油,将摇臂松开。同时,活塞杆通过弹簧片压动行程开关SQ_2,使其动断触点6-13断开,动合触点6-8闭合。前者切断了接触器KM_4的线圈电路,KM_4主触点断开,液压泵电动机停止工作;后者使交流接触器KM_2的线圈通电,KM_2主触点接通电动机M_2的电源,摇臂升降电动机起动正向旋转,带动摇臂上升。如果此时摇臂尚未松开,则行程开关 SQ_2 动合触点 6-8 不会闭合,接触器 KM_2 将不能吸合,摇臂也就不能上升。当摇臂上升到所需位置时,松开按钮 SB_3,则接触器 KM_2 和时间继电器 KT 同时断电释放,KT 动合触点 1-17 经 1~3s 延时后断开,但由于行程开关 SQ_3 的动断触点 1-17 仍然闭合,所以电磁阀 YV 线圈依然通电。M_2 电动机停止工作,随之摇臂停止上升。

由于时间继电器 KT 断电释放,经 1~3s 的延时后,其延时闭合时动断触点 17-18 闭合,使接触器 KM_5 线圈通电吸合,液压泵电动机 M_3 反向旋转,使摇臂夹紧。在摇臂夹紧的同时,活塞杆通过弹簧片使行程开关 SQ_3 的动断触点 1-17 断开,使电磁阀 YV 线圈断电,同时,KM_5 线圈断电释放,使 M_3 电动机停止工作,完成了摇臂的松开→上升→夹紧的整套动作。

(2) 摇臂下降:摇臂的下降由 SB_4 控制 KM_3→M_2 反转来实现,其过程可自行分析。

4) 立柱、主轴箱的松开与夹紧控制

立柱和主轴箱的松开(夹紧)是同时进行的,SB_5 和 SB_6 分别为松开与夹紧控制按钮,由它们点动控制 KM_4、KM_5→控制 M_3 的正、反转,由于 SB_5、SB_6 的动断触点 17-20-21 串联在 YV 线圈支路中。所以在操作 SB_5、SB_6 使 M_3 点动的过程中,电磁阀 YV 线圈不吸合,液压泵供出的压力油进入主轴箱和立柱的松开、夹紧油腔,推动松、紧机构实现主轴箱和立柱的松开、夹紧。同时,由行程开关 SQ_4 控制指示灯发出信号:主轴箱和立柱夹紧时,SQ_4 的动断触点 201-202 断开而动合触点 201-203 闭合,指示灯 HL_1 灭、HL_2 亮;反之,在松开时 SQ_4 复位,HL_1 亮而 HL_2 灭。HL_3 为主轴旋转指示灯。

3. 辅助电路

控制变压器 TC 输出照明用交流安全电压 36V,由开关 SA 控制,采用熔断器 FU_3 作短路保护。

控制变压器 TC 输出 6V 交流电压,供给指示灯用。

4. 其他联锁和保护

1) 按钮、接触器联锁

摇臂升降电动机的正反转控制接触器采用按钮 SB_3 和 SB_4 的机械联锁以及接触器 KM_2 和 KM_3 的电气联锁。在液压泵电动机 M_3 的正反转控制电路中,接触器 KM_4 和 KM_5 采用了电气联锁,在主轴箱和立柱的夹紧、放松电路中,为保证压力油不供给摇臂夹紧油路,将按钮 SB_5 和 SB_6 的动断触点串联在电磁阀 YV 线圈的电路中,以达到联锁目的。

2) 限位联锁

在摇臂升降电路中,行程开关 SQ_2 是摇臂放松到位的信号开关,其动合触点

6-8 串联在接触器 KM_2 和 KM_3 线圈中,它在摇臂完全放松到位后才动作闭合,以确保摇臂的升降在其放松后进行。

行程开关 SQ_3 是摇臂夹紧到位后的信号开关,其动断触点 1-17 串联在接触器 KM_5 线圈、电磁阀 YV 线圈电路中。如果摇臂未夹紧,则行程开关 SQ_3 动断触点 1-17 闭合保持原状,使得接触器 KM_5 线圈、电磁阀 YV 线圈得电吸合,对摇臂进行夹紧,直到完全夹紧为止,行程开关 SQ_3 的动断触点 1-17 才断开,切断接触器 KM_5 线圈、电磁阀 YV 线圈。如果液压夹紧系统出现故障,不能自动夹紧摇臂,或者由于 SQ_3 调整不当,在摇臂夹紧后不能使 SQ_3 的动断触点 1-17 断开,都会使液压泵电动机因长期过载运行而损坏。为此,电路中设有热继电器 FR_2 作过载保护,其整定值应根据液压泵电动机 M_3 的额定电流来进行调整。

3) 时间联锁

通过时间继电器 KT 延时断开的动合触点 1-17 和延时闭合的动断触点 17-18,时间继电器 KT 能保证在摇臂升降电动机 M_2 完全停止运行后,才能进行摇臂的夹紧动作,时间继电器 KT 的延时长短由摇臂升降电动机 M_2 从切断电源到停止的惯性大小来决定。KT 为断电延时类型,在进行电路分析时要注意。

4) 失压(欠压)保护

主轴电动机 M_1 采用按钮与自锁控制方式,具有失压保护;各接触器线圈自身亦具有欠电压保护功能。

5) 机床的限位保护

摇臂升降都有限位保护,行程开关 SQ_{1-1}(5-6) 和 SQ_{1-2}(7-6) 用来限制摇臂的升降超程。

当摇臂上升到极限位置时,行程开关 SQ_{1-1}(5-6) 动作,接触器 KM_2 断电释放,M_2 电动机停止运行。反之,当摇臂下降到极限位置时,行程开关 SQ_{1-2}(7-6) 动作,接触器 KM_3 断电释放,M_2 电动机停止运行,摇臂停止运行。

四、Z3040 型摇臂钻床常见电气故障分析

摇臂钻床电气控制的特殊环节是摇臂升降。Z3040 型摇臂钻床的工作过程是由电气与机械、液压系统紧密结合实现的。因此,在维修中不仅要注意电气部分能否正常工作,也要注意它与机械和液压部分的协调关系。

1. 摇臂不能升降

(1) 由摇臂升降过程可知,摇臂升降电动机 M_2 旋转,带动摇臂升降,其前提是摇臂完全松开,活塞杆压行程开关 SQ_2。如果 SQ_2 不动作,常见故障是 SQ_2 安装位置移动。这样,摇臂虽已放松,但活塞杆压不上 SQ_2,摇臂就不能升降。有时,液压系统发生故障,使摇臂放松不够,也会压不上 SQ_2,使摇臂不能移动。

由此可见，SQ_2 的位置非常重要，应配合机械、液压调整好后紧固。

(2) 液压泵电动机 M_3 电源相序接反时，按上升按钮 SB_3（或下降按钮 SB_4），M_3 反转，使摇臂夹紧，SQ_2 应不动作，摇臂也就不能升降。所以，在机床大修或新安装后，要检查电源相序。

(3) 摇臂升降电动机 M_2、控制其正反转的接触器 KM_2、KM_3 及相关电路发生故障，也会造成摇臂不能升降。在排除了其他故障之后，应对此进行检查。

(4) 如果摇臂上升正常而不能下降，或是下降正常而不能上升，则应单独检查相关的电路及电器部件（如按钮开关、接触器的有关触点等）。

2. 摇臂升降后，摇臂夹不紧

由摇臂升降后夹紧的动作过程可知，夹紧动作的结束是由行程开关 SQ_3 来完成的，如果 SQ_3 动作过早，将会使 M_3 尚未充分夹紧时就停转。常见的故障有 SQ_3 安装位置不合适，或固定螺钉松动造成 SQ_3 移位，使 SQ_3 在摇臂夹紧动作未完成时就被压上，切断了 KM_5 回路，导致 M_3 停转。

3. 摇臂上升或下降到极限位置时，限位保护失灵

检查限位保护开 SQ_1 的触点及连线，通常是 SQ_1 损坏或是其安装位置移动。

4. 摇臂的松紧动作正常，但主轴箱和立柱的松、紧动作不正常

若摇臂的松紧动作正常，则说明 KM_4、KM_5 线圈的公共回路正常，那么故障点很有可能就出现在控制按钮 SB_5、SB_6 的触点接触不良或是接线松动。液压系统也有可能出现故障。

5. 摇臂不能松开

摇臂作升降运动的前提是摇臂必须完全松开。摇臂和主轴箱、立柱的松、紧是通过液压泵电动机 M_3 的正反转来实现的，因此先检查主轴箱和立柱的松、紧是否正常。如果正常，则说明故障不在两者的公共电路中，而在摇臂松开的专用电路上，如时间继电器 KT 的线圈有无断线，其动合触点 1-17、13-14 在闭合时是否接触良好，限位开关 SQ_1 的触点 SQ_{1-1}(5-6)、SQ_{1-2}(7-6) 有无接触不良等。

如果主轴箱和立柱的松开也不正常，则故障多发生在接触器 KM_4 和液压泵电动机 M_3 这部分电路上，如 KM_4 线圈断线、主触点接触不良，KM_5 的动断互锁触点 14-15 接触不良等。如果是 M_3 或 FR_2 出现故障，则摇臂、立柱和主轴箱既不能松开，也不能夹紧。

技能训练十六　Z3050 型摇臂钻床摇臂升降控制电路设计

一、检修前电路图分析与识读

Z3050 型摇臂钻床电气控制原理如图 4-9 所示。

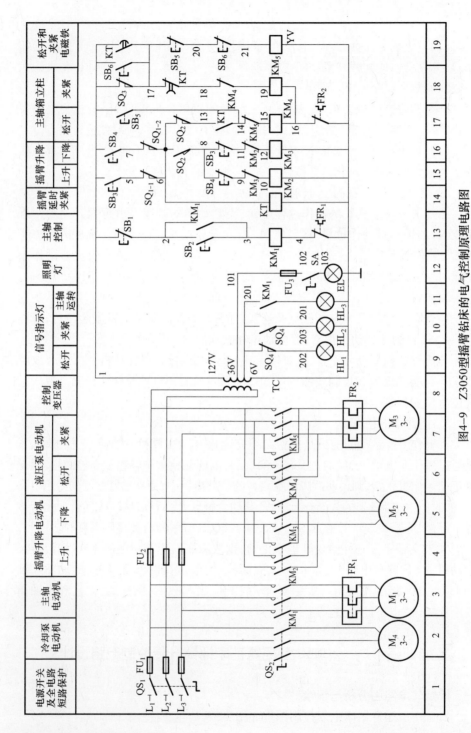

图4-9 Z3050型摇臂钻床的电气控制原理电路图

1. 主电路分析

Z3050 型摇臂钻床共有 4 台电动机,除冷却泵电动机采用开关直接起动外,其余 3 台异步电动机均采用接触器直接起动。

M_1:主轴电动机,由交流接触器 KM_1 控制,只要求单方向旋转,主轴的正反转由机械手柄操作。M_1 装在主轴箱顶部,带动主轴及进给传动系统,热继电器 FR 是过载保护元件。

M_2:摇臂升降电动机,装于主轴顶部,用接触器 KM_2 和 KM_3 控制正反转。因为该电动机短时间工作,故不设过载保护电器。

M_3:液压油泵电动机,可以作正向转动和反向转动。正向旋转和反向旋转的起动与停止由接触器 KM_4 和 KM_5 控制。热继电器 FR_2 是液压油泵电动机的过载保护电器。该电动机的主要作用是供给夹紧装置压力油、实现摇臂和立柱的夹紧与松开。

M_4:冷却泵电动机,功率很小,由开关控制直接起动和停止。

2. 控制电路分析

1)主轴电动机 M_1 的控制

按下起动按钮 SB_2,则接触器 KM_1 吸合并自锁,使主电动机 M_1 起动运行,同时指示灯 HL_3 亮。

按停止按钮 SB_1,则接触器 KM_1 释放,使主电动机 M_1 停止旋转,同时指示灯 HL_3 熄灭。

2)摇臂升降控制

Z3050 型摇臂钻床摇臂的升降由 M_2 拖动,SB_3 和 SB_4 分别为摇臂升、降的点动按钮,由 SB_3、SB_4 和 KM_2、KM_3 组成具有双重互锁的 M_2 正反转点动控制电路。因为摇臂平时是夹紧在外立柱上的,所以在摇臂升降之前,先要把摇臂松开,再由 M_2 驱动升降;摇臂升降到位后,再重新将其夹紧。

3)摇臂松紧控制

摇臂的松、紧是由液压系统完成的。在电磁阀 YV 线圈通电吸合的条件下,液压泵电动机 M_3 正转,正向供出压力油进入摇臂的松开油腔,推动松开机构使摇臂松开,摇臂松开后,行程开关 SQ_2 动作,SQ_3 复位;若 M_3 反转,则反向供出压力油进入摇臂的夹紧油腔,推动夹紧机构使摇臂夹紧,摇臂夹紧后,行程开关 SQ_3 动作,SQ_2 复位。由此可见,摇臂升降的电气控制是松紧机构液压与机械系统(M_3 与 YV)的控制配合进行的。

4)主轴箱和立柱的松、紧控制

主轴箱和立柱的松、紧是同时进行的,SB_5 和 SB_6 分别为松开与夹紧控制按钮,由它们点动控制 KM_4、KM_5→控制 M_3 的正、反转,由于 SB_5、SB_6 的动断触点

17-20-21 串联在 YV 线圈支路中,操作 SB$_5$、SB$_6$ 使 M$_3$ 点动作的过程中,电磁阀 YV 线圈不吸合,液压泵供出的压力油进入主轴箱和立柱的松开、夹紧油腔,推动松、紧机构实现主轴箱和立柱的松开、夹紧。

同时,由行程开关 SQ$_4$ 控制指示灯发出信号:主轴箱和立柱夹紧时,SQ$_4$ 的动断触点 201-202 断开而动合触点 201-203 闭合,指示灯 HL$_1$ 灭,HL$_2$ 亮;反之,在松开时 SQ$_4$ 复位,HL$_1$ 亮而 HL$_2$ 灭。

二、检修实训

1. 实训内容

Z3050 型摇臂钻床电气控制线路的故障判断与检修。

2. 实训器材、资料

常用电工工具;仪表(万用表、500V 兆欧表、钳形电流表);Z3050 型摇臂钻床(或相应模拟装置);Z3050 型摇臂钻床(或相应模拟装置)电路图(原理图、接线图、电气元件明细表)。

3. 电气线路常见故障判断与检修示例

1) 故障一

(1) 故障现象:摇臂不能上升(或下降)。

(2) 分析判断:①行程开关 SQ$_2$ 不动作,SQ$_2$ 的动合触点 6-8 不闭合,SQ$_2$ 安装位置移动或损坏;②接触器 KM$_2$ 线圈不吸合,摇臂升降电动机 M$_2$ 不转动;③系统发生故障(如液压泵卡死、不转,油路堵塞等),使摇臂不能完全松开,压不上 SQ$_2$;④安装或大修后,相序接反,按 SB$_3$ 摇臂上升按钮,液压泵电动机反转,使摇臂夹紧,压不上 SQ$_2$,摇臂也就不能上升或下降。

(3) 检修过程:①检查行程开关 SQ$_2$ 触点、安装位置或损坏情况,并予以修复;②检查接触器 KM$_2$ 或摇臂升降电动机 M$_2$,并予以修复;③检查系统故障原因、位置移动或损坏,并予以修复;④检查相序,并予以修复。

2) 故障二

(1) 故障现象:摇臂上升(下降)到预定位置后摇臂不能夹紧。

(2) 分析判断:①限位开关 SQ$_3$ 安装位置不准确或紧固螺钉松动,使 SQ$_3$ 限位开关过早动作;②活塞杆通过弹簧片压不上 SQ$_3$,其触点 1—17 未断开,使 KM$_5$、YV 不能断电释放;③接触器 KM$_5$、电磁铁 YV 不动作,电动机 M$_3$ 不反转。

(3) 检修过程:①调整 SQ$_3$ 的动作行程,并紧固好定位螺钉;②调整活塞杆、弹簧片的位置;③检查接触器 KM$_3$、电磁铁 YV 线路是否正常及电动机 M$_3$ 是否完好,并予以修复。

3) 故障三

(1) 故障现象:立柱、主轴箱不能夹紧(或松开)。

(2) 分析判断:①按钮接线脱落、接触器 KM_4 或 KM_5 接触不良;②油路堵塞,使接触器 KM_4 或 KM_5 不能吸合。

(3) 检修过程:①检查按钮 SB_5、SB_6 和接触器 KM_4、KM_5 是否良好,并予以修复或更换;②检查油路堵塞情况,并予以修复。

4) 故障四

(1) 故障现象:按下 SB_6 按钮,立柱、主轴箱能夹紧,但放开按钮后,立柱、主轴箱却松开。

(2) 分析判断:①菱形块或承压块的角度方向错位,或者距离不合适;②菱形块立不起来,因为夹紧力调得太大或夹紧液压系统压力不够所致。

(3) 检修过程:①调整菱形块或承压块的角度与距离;②调整夹紧力或液压系统压力。

4. 实训步骤及要求

(1) 在教师的指导下,对钻床进行操作,了解钻床的各种工作状况及操作方法。

(2) 在教师的指导下,弄清钻床电器组件安装位置及走线情况;结合机械、电气、液压几方面相关的知识,搞清钻床电气控制的特殊环节。

(3) 在 Z3050 型摇臂钻床上手动设置自然故障。

(4) 教师示范检修,步骤如下:

① 用通电试验法引导学生观察故障现象。

② 根据故障现象,依据电路图用逻辑分析法确定故障范围。

③ 采用正确的检查方法,查找故障点并排除故障。

④ 检修完毕,进行通电试验,并做好维修记录。

⑤ 由教师设置让学生事先知道的故障点,指导学生如何从故障现象着手进行分析,逐步引导学生采用正确的检修步骤和检修方法。

⑥ 教师设置故障,由学生检修。

⑦ 排除故障后,要及时总结经验,并做好维修记录。记录的内容包括:工业机械的型号、名称、编号、故障发生日期、故障现象、部位、损坏的电器、故障原因、修复措施及修复后的运行情况等。记录的目的:作为档案以备日后维修时参考,通过对历次故障的分析,采取相应的有效措施,防止类似事故的再次发生或对电气设备本身的设计提出改进意见等。

5. 注意事项

(1) 找出故障点和修复故障时应注意,不能把找出的故障点作为寻找故障的终点,还必须进一步分析查明产生故障的根本原因。

(2) 用测量法检查故障点时,一定要保证各种测量工具和仪表完好,使用方法正确。

(3) 测量时要注意防止感应电、回路电及其他并联支路的影响，以免产生误判断。

(4) 送电试车时，发现异常现象应立即停车。

(5) 排除故障时一定要关断电源。排除故障后，应将所有的螺钉拧紧，将线路恢复原状，盖好槽板，并清理现场。

(6) 用电阻法检查故障时，一定要断开电源；用电压法检查故障时，应严格遵守带电作业的有关规定。

(7) 正确使用万用表，防止操作错误损坏仪表。

6. 成绩评定

考核及评分标准如表 4-2 所列。

表 4-2 考核及评分标准

项目内容	评分标准	配分	扣分	得分
故障分析	排除故障前不进行分析研究扣 5 分； 检修思路不正确扣 5 分； 找不出故障点或找错位置，每处扣 5 分； 以上扣分，累计扣完 30 分为止	30		
故障检修	使用工具、仪表不正确，每次扣 5 分； 检查故障方法不正确扣 10 分； 查出故障不会排除，每处扣 10 分； 检修中扩大故障范围扣 10 分； 少查、少排一个故障扣 5 分； 损坏元器件每处扣 5 分； 通电检修操作不正确扣 10 分； 以上扣分，累计扣完 60 分为止	60		
安全文明生产	不验电扣 5 分； 防护用品穿戴不齐扣 5 分； 结束后未整理现场扣 5 分； 检修中乱放或丢失器件扣 5 分； 检修中出现短路或触电事故扣 10 分； 以上扣分，累计扣完 10 为止	10		
工时	排除一个故障额定工时 40min，每超 10min 扣 10 分，最长工时不得超过 60min			
合计		100		

任务三　M7130 型平面磨床的电气控制

磨床是一种利用砂轮的周边或端面对工件进行加工的精密机床。磨床的种类很多,按其工作性质可以分为平面磨床、外圆磨床、内圆磨床、工具磨床及专用磨床等。其中平面磨床是用砂轮来磨削加工各种工件平面的,M7130 型平面磨床是磨床中应用最普遍的一种机床。下面以 M7130 型平面磨床为例进行分析和讨论。

一、M7130 型平面磨床的主要结构及运动形式

1. M7130 型平面磨床的主要结构

M7130 型平面磨床的外形结构如图 4 – 10 所示。

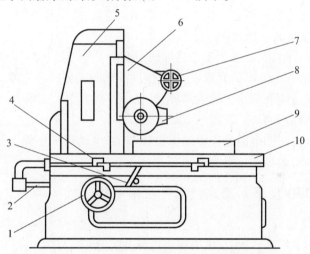

图 4 – 10　M7130 型平面磨床的外形结构
1—垂直进刀手轮；2—活塞杆；3—换向手柄；4—撞块；5—立柱；6—滑座；
7—横向移动手轮；8—砂轮箱；9—电磁吸盘；10—工作台。

M7130 型平面磨床主要由床身、工作台、电磁吸盘、砂轮箱、滑座和立柱等部分组成。在床身上固定有立柱,沿立柱的导轨上装有滑座,在滑座内部装有液压传动机构,以实现横向进给。滑座可在立柱导轨上作上下移动,并可由垂直进刀手轮操纵,砂轮箱能沿滑座水平导轨作横向移动。在床身中装有液压传动装置,以使矩形工作台在床身导轨上通过压力油推动活塞杆作纵向往复运动。

2. M7130 型平面磨床的运动形式

（1）主运动:平面磨床的主运动是指砂轮的旋转运动。

179

(2) 进给运动:平面磨床的进给运动有垂直进给、横向进给、纵向进给三种形式,垂直进给即滑座沿立柱上的垂直导轨的垂直移动;横向进给即砂轮箱在滑座上的水平移动;纵向进给即工作台沿床身的往复运动。工作台每完成一次纵向进给时,砂轮箱便自动作一次间断性的横向进给,当加工完整个平面后,砂轮箱连同滑座作一次间断性的垂直进给。

(3) 辅助运动:平面磨床的辅助运动包括砂轮箱在滑座水平导轨上的快速横向移动;滑座沿立柱上垂直导轨的快速垂直移动;工作台往复运动速度的调整等。

二、M7130型平面磨床电力拖动特点及要求

(1) 平面磨床是一种精密机床,为了使磨床具有最简单的机械传动,M7130型平面磨床采用了3台电动机拖动:

① 砂轮电动机拖动砂轮旋转,只要求单向旋转,无调速要求。

② 液压泵电动机拖动液压泵供出压力油,实现工作台的纵向往复运动、砂轮箱的横向自动进给,并承担工作台导轨的润滑。

③ 冷却泵电动机拖动冷却泵,提供磨削加工时需要的冷却液。

(2) 为了适应磨削小工件的需要,并保证工件在磨削过程中受热可自由伸缩,采用电磁吸盘来吸持工件。

(3) 应具备照明电路和完善的保护环节,如电动机的短路保护、过载保护、零压保护及电磁吸盘的欠电流保护等。

三、M7130型平面磨床的电气控制电路分析

1. 主电路分析

如图4-11所示,三相交流电源由电源开关QS引入,主电路有3台电动机:M_1是砂轮电动机,带动砂轮转动来完成磨削加工工件,由接触器KM_1控制,并由热继电器FR_1提供过载保护。M_2是冷却泵电动机,只有在砂轮电动机M_1运转后才能运转,由于磨床的冷却泵是与床身分开安装的,所以冷却泵电动机M_2由插头插座X_1接通电源,在需要提供冷却液时才插上。由于M_2的容量较小,所以不需要作过载保护。M_3是液压泵电动机,实现工作台和砂轮的往复运动,由接触器KM_2控制,并由热继电器FR_2作过载保护。3台电动机均直接起动,单向旋转。

2. 控制电路分析

控制电路采用380V电源,由FU_2作短路保护。SB_1、SB_2和SB_3、SB_4分别为M_1和M_3的起动、停止按钮,通过KM_1、KM_2控制M_1和M_3的起动、停止。

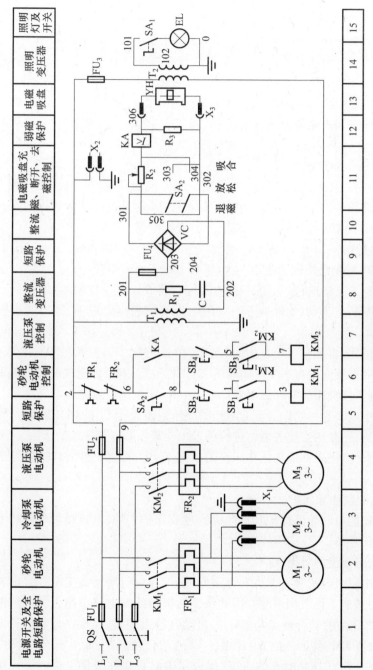

图4-11 M7130型平面磨床电气控制原理图

3. 电磁吸盘控制电路分析

1）电磁吸盘的构造和工作原理

电磁吸盘是固定加工工件的一种工具，利用通电线圈在铁芯中产生的磁场牢牢吸住铁磁材料的工件，以便加工。它与机械夹具相比，具有夹紧迅速、不易损伤工件、工件发热可以自由伸缩等优点，因此得到广泛使用。其外壳是铜制的箱体，中部有凸起的芯体，芯体上面嵌有线圈，吸盘的盖板用钢板制成，钢制盖板用非磁性材料如锡铅合金隔离成若干个小块，当线圈通以直流电时，吸盘的芯体被磁化，产生磁场，工件就被牢牢地吸住。

2）电磁吸盘控制电路

由整流装置、控制装置和保护装置三部分组成。整流装置由变压器 T_1、单相桥式整流器 VC 组成，供给 110V 直流电源。SA_2 是电磁吸盘的控制开关。保护装置由放电电阻 R_1 和电容 C 以及欠电流继电器 KA 组成。

充磁过程：待加工时，将 SA_2 扳至右边的"吸合"位置，触点 301 - 303、302 - 304 接通，电磁吸盘线圈通电，产生电磁吸力将工件牢牢吸持。

磨削加工完毕，要取下加工好的工件时，将 SA_2 扳至中间的"放松"位置，电磁吸盘线圈断电，可将工件取下。如果工件有剩磁难以取下，则需要进行去磁处理。

去磁过程：将 SA_2 扳至左边的"退磁"位置，触点 301 - 305、302 - 303 接通，此时线圈通以反向电流产生反向磁场，对工件进行退磁，注意这时要控制退磁的时间，否则工件会因反向充磁而更难取下。R_2 用于调节退磁的电流。

采用电磁吸盘的磨床还配有专用的交流退磁器，若工件对去磁要求严格，在取下工件后，还要用交流去磁器进行处理。交流去磁器是平面磨床的一个附件，使用时，将交流去磁器插头插在床身的插座 X_2 上，再将工件放在去磁器上即可去磁。

4. 其他联锁和保护

除常规的电路短路保护和电动机的过载保护之外，电磁吸盘电路还专门设有一些保护环节。

1）电磁吸盘的弱磁保护

采用电磁吸盘来吸持工件有许多好处，但在进行磨削加工时一旦电磁吸力不足，就会造成工件飞出事故。因此在电磁吸盘线圈电路中串入欠电流继电器 KA 的线圈，KA 的动合触点与 SA_2 一对动合触点并联，串接在控制砂轮电动机 M_1 的接触器 KM_1 线圈支路 6-8 中，SA_2 的动合触点 6-8 只有在"退磁"挡才接通，而在"吸合"挡是断开的，这就保证了电磁吸盘在吸持工件时必须保证有足够的充磁电流，才能起动砂轮电动机 M_1；在加工过程中一旦电流不足，欠电流继电器 KA 动作,能够及时地切断 KM$_1$ 线圈电路,使砂轮电动机 M$_1$ 停转,避免事故发生。如果不使用电磁吸盘,可以将其插头从插座 X$_3$ 上拔出,将 SA$_2$ 扳至"退磁"挡,此时 SA$_2$ 的触点 6-8 接通,不影响对各台电动机的操作。

2) 电磁吸盘线圈的过电压保护

电磁吸盘是一个大电感,在充磁吸持工件时,存储大量磁场能量。当它脱离电源时的一瞬间,吸盘 YH 的两端产生较大的自感电动势,会使线圈的绝缘和电器的触点损坏,因此,在电磁吸盘线圈两端并联电阻器 R$_3$ 作为放电回路。

3) 整流器的过电压保护

在整流变压器 T$_1$ 的二次侧并联由 R$_1$、C 组成的阻容吸收电路,用以吸收交流电路产生的过电压和在直流侧电路通断时产生的浪涌电压,对整流器进行过电压保护。

对于电动机不能起动、砂轮升降失灵等故障,基本检查方法和车床、钻床一样,主要是检查熔断器、接触器等元件。这里的特殊问题是电磁吸盘的故障。

(1) 电磁吸盘没有吸力。

首先检查变压器 T$_1$ 的输入端熔断器 FU$_2$ 及电磁吸盘电路熔断器 FU$_4$ 的熔体是否熔断;再检查接插器 X$_2$ 的接触是否正常。若都未发现故障,则检查电磁吸盘 YH 线圈的两个出线头,由于电磁吸盘 YH 密封不好,受冷却液的侵蚀而使绝缘损坏,造成两个出线头间短路或出线头本身断路。当线头间形成短路时,若不及时检修,就有可能烧毁整流器 VC 和整流变压器 T$_1$,这一点在日常维护时应特别注意。而 YH 线圈局部短路时,其表现为空载时 VC 输出的电压正常而接上 YH 后电压低于正常值 110V。

(2) 电磁吸盘吸力不足。

原因之一是电源电压低,导致整流后的直流电压相应降低,造成吸盘的吸力不足。检查时可用万用表的直流电压挡测量整流器输出端电压值,应不低于 110V(空载时直流输出电压为 130~140V)。此外,接插器 X$_2$ 接触不良也会造成吸力不足。

原因之二是整流电路的故障。电路中整流器 VC 是由 4 个桥臂组成,若某一桥臂的整流二极管断开,则桥式整流变成了半波整流,直流输出电压将下降一半左右,吸力当然会减少。检修时,可测量直流输出电压是否有下降一半的现象,据此做出判断。随后更换已损坏的管子。

(3) 电磁吸盘退磁效果差。

这时应检查退磁回路有无断开或元件损坏。如果退磁的电压过高也会影响退磁效果,应调节 R$_2$ 使退磁电压一般为 5~10V。此外,还应考虑是否有退磁时操作不当(退磁时间过长)的原因。若退磁电阻损坏或线路断开,无法进行退磁,则应更换电阻或接通线路。

技能训练十七　M7120型平面磨床常见故障分析

一、检修前电路图分析与识读

M7120型平面磨床电气控制原理如图4-12所示。

1. 主电路

M7120型平面磨床的主线路有4台电动机,M_1为液压泵电动机,它在工作中起到驱动工作台往复运动的作用;M_2是砂轮电动机,可带动砂轮旋转起磨削加工工件作用;M_3电动机做辅助工作,它是冷却泵电动机,为砂轮磨削工作起冷却作用;M_4为砂轮机升降电动机,用于调整砂轮与工作件的位置。M_1、M_2及M_3电动机在工作中只要求正转,其中对冷却泵电动机还要求在砂轮电动机转动工作后才能使它工作,否则没有意义。对升降电动机要求它正反方向均能旋转。

控制线路对M_1、M_2、M_3电动机有过载保护和欠压保护能力,由热继电器FR_1、FR_2、FR_3和欠压继电器完成保护,而4台电动机短路保护则需FU做短路保护。电磁工作台控制线路首先由变压器T_1进行变压后,再经整流提供110V的直流电压,供电磁工作台用,它的保护线路是由欠压继电器、放电电容和电阻组成。

2. 指示灯和照明电路

线路中的照明灯电路是由变压器提供36V电压,由低压灯泡EL进行照明。另外还有5个指示灯:HL_1亮表示工作台通入电源;HL_2亮表示液压泵电动机已运行;HL_3亮表示砂轮电动机及冷却泵电动机已工作;HL_4亮表示升降电动机工作;HL_5亮表示电磁吸盘工作。

3. M7120型平面磨床的工作原理

(1) 当电源380V(实训时用36V安全电压替代,确保学生安全)正常通入磨床后,线路无故障时,欠压继电器动作,其常开触点KA闭合,为KM_1、KM_2接触器吸合做好准备,当按下SB_2按钮后,接触器KM_1的线圈得电吸合,液压泵电动机开始运转,由于接触器KM_1的吸合,自锁点自锁使M_1电动机在松开按钮后继续运行;如工作完毕按下停止按钮,KM_1失电释放,M_1便停止运行。

如需砂轮电动机以及冷却泵电动机工作时,按下按钮SB_4后,接触器KM_2便得电吸合,此时砂轮电动机和冷却泵电动机可同时工作,正向运转。停车时只需按下停止按钮SB_3,即可使这两台电动机停止工作。

(2) 在工作中,如果需操作升降电动机作升降运动时,按下点动按钮SB_5或SB_6即可升降;停止升降时,只要松开按钮即可停止工作。

(3) 如需操动电磁工作台时,把工件放在工作台上,按下按钮SB_8后接触器

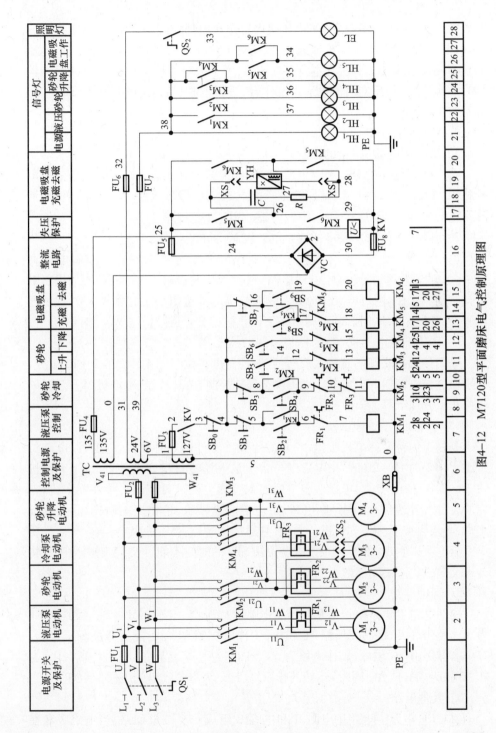

图4-12 M7120型平面磨床电气控制原理图

KM_5 吸合,从而把直流电 110V 电压接入工作台内部线圈中,使磁通与工件形成封闭回路因此就把工件牢牢地吸住,以便对工件进行加工。当按下 SB_7 后,电磁工作台便失去吸力。有时其本身存在剩磁,为了去磁可按下按钮 SB_9,使接触器 KM_6 得电吸合,把反向直流电通入工作台,进行退磁,待退完磁后松开 SB_9 按钮即可将工件拿出。

4. 控制线路分析

1) 液压泵电动机 M_1 的控制

合上电源总开关 QS_1,图 4-12 的 16 区上的常开触点 KUV 闭合,为液压电动机 M_1 和砂轮电动机 M_2 做好准备。按下 SB_2,接触器 KM_1 线圈通电吸合,液压泵电动机 M_1 起动运转。按下停止按钮 SB_1,M_1 停转。

2) 砂轮电动机 M_2 及冷却液泵电动机 M_3 的控制

电动机 M_2 及 M_3 也必须在 KUV 通电吸合后才能起动。其控制电路在图 4-12 的 8、9 区,冷却液泵电动机 M_3 通过 XS_2 与接触器 KM_2 相接,如果不需要该电动机工作,则可将 XS_2 分开,否则,按下起动按钮 SB_4,接触器 KM_2 线圈通电吸合,M_2 与 M_3 同时起动运转。按下停止按钮 SB_3,则 M_2 与 M_3 同时停转。

3) 砂轮升降电动机 M_4 的控制

采用接触器联锁的点动正反转控制,控制电路位于图 4-12 的 11、12 区处,分别通过按下按钮 SB_5 或 SB_6 来实现正反转控制,放开按钮,电动机 M_4 停转,砂轮停止上升或下降。

4) 电磁工作台的控制

电磁工作台又称电磁吸盘,它是固定加工工件的一种夹具。其控制电路位于图 4-12 的 13~20 区,当电磁工作台上放上铁磁材料的工件后,按下充磁按钮 SB_8,KM_5 通电吸合,电磁吸盘 YH 通入直流电流进行充磁将工件吸牢,加工完毕后,按下按钮 SB_7,KM_5 断电释放,电磁吸盘断电,但由于剩磁作用,要取下工件,必须再按下按钮 SB_9 进行去磁,它通过接触器 KM_6 的吸合,给 YH 通入反向直流电流来实现,但要注意按点动按钮 SB_9 的时间不能过长,否则电磁吸盘将会被反向磁化而仍不能取下工件。

5) 辅助电路

辅助电路主要是信号指示和照明电路,位于图 4-12 的 21~28 区,其中 EL 为局部照明灯,由控制变压器 TC 供电,工作电压为 24V,由隔离开关 SQ_1 控制。其余信号灯由 TC 供电,工作电压为 6V。HL_1 为电源指示灯,HL_2 为 M_1、HL_3 为 M_2、HL_4 为 M_3(或 M_4 同时)运转的指示灯,HL_5 为电磁吸盘的工作指示灯。

6) 其他电路

(1) RC 电路。电路中电阻 R 和电容 C 组成一个放电回路,当电磁吸盘在断电瞬间,由于电磁感应的作用,将会在 YH 两端产生一个很高的自感电动势,如果没有 RC 放电回路,电磁吸盘线圈及其他电器的绝缘将有被击穿的危险。

(2) 欠电压保护电路。欠电压继电器并联在整流电源两端,当直流电压过低时,欠电压继电器立即释放,使液压泵电动机 M_1 和砂轮电动机 M_2 立即停转,从而避免由于电压过低使 YH 吸力不足而导致工件飞出造成事故。

二、检修实训

1. 实训内容

M7120 型平面磨床电气控制线路的故障判断与检修。

2. 实训器材、资料

常用电工工具;仪表(万用表、500V 兆欧表、钳形电流表);M7120 型平面磨床(或相应模拟装置);M7120 型平面磨床(或相应模拟装置)电路图(原理图、接线图、电气元件明细表)。

3. 电气线路常见故障判断与检修示例

1) 故障一

(1) 故障现象:升降磨头电动机不能工作运转。

(2) 分析判断:①控制回路有线头脱落或断线处;②升降电动机卡死;③升降电动机线圈烧毁。

(3) 检修过程:①检查控制回路各个连接线头是否有松脱断线处,查出后,要重新接好控制线路;②检查升降机电动机是否机械卡死,若转不动或机械卡死要清除障碍物,或从机械方面着手修复;③用 500V 兆欧表对升降电动机绕组进行测量,如果线圈烧断或接地,要打开电动机检查损坏情况,能局部修复的要局部修复,若线包烧毁则要重新绕制线包。

2) 故障二

(1) 故障现象:升降电动机只能上升而不能下降或只能下降而不能上升。

(2) 分析判断:①点动按钮 SB_5 或 SB_6 按下后接点接触不良;②接触器 KM_3 或 KM_4 互锁辅助触点接触不良或未复位;③接触器线圈 KM_3 或 KM_4 断路或烧毁。

(3) 检修过程:

① 用万用表电阻挡在断开磨床电源情况下,测按下 SB_5 或 SB_6 按钮后是否通路并接触可靠,若损坏或接触不良要更换 SB_5 或者 SB_6。

② 检查升降电动机的接触器,是否两只接触器都能在不工作时复位,若一只接触器机械卡死或触点发生轻微熔焊时不能复位,则对方互锁常闭点就不能闭合,从而使电动机无法作反方向运转。要用低压验电笔测对方的互锁常闭触点是否接通,如果查出不通时要找出原因,若发生熔焊要分开触点;若机械机构

不灵活,要更换同型号的接触器;若是互锁触点接触不良,可用两根导线并接该接触器的另一组常闭触点,使其接触可靠;③检查接触器 KM_3 或 KM_4 线圈接线,若线头脱落要重新接好。若线路完好,要用万用表在断开电源的情况下测接触器 KM_3 或 KM_4 的线圈是否断路或短路烧毁,测出线圈损坏要更换线圈或接触器。

4. 实训步骤及要求

(1) 在有故障的 M7120 型磨床上或手动设置故障的 M7120 型磨床上,由教师示范检修,把检修步骤及要求贯穿其中,直至故障排除。

(2) 由教师设置让学生知道的故障点,指导学生如何从故障现象着手进行分析,逐步引导到采用正确的检查步骤和检修方法排除故障。

(3) 教师手动设置故障,由学生检修。具体要求如下:

① 根据故障现象,先在电路图上用虚线正确标出最小范围的故障部位,然后采用正确的检修方法,在规定时间内查处并排除故障。

② 检修过程中,故障分析、排除故障的思路要正确,不得采用更换电器组件、借用触头或改动线路的方法修复故障。

③ 检修时,严禁扩大故障范围或产生新的故障,不得损坏电器组件或设备。

④ 排除故障时严禁将异线号短接(采用局部短接法,初学者采用跨短接法容易造成短路事故)。

⑤ 排除故障后,应及时总结经验,并做好维修记录。记录的内容包括:工业机械的型号、名称、编号、故障发生日期、故障现象、部位、损坏的电器、故障原因、修复措施及修复后的运行情况等。记录的目的:作为档案以备日后维修时参考;通过对历次故障的分析,采取相应的有效措施,防止类似事故的再次发生或对电气设备本身的设计提出改进意见等。

5. 注意事项

(1) 检修前,要认真阅读 M7120 型平面磨床的电路图和接线图,弄清有关电器组件的位置、作用及走线情况。

(2) 要认真仔细地观察教师的示范检修。

(3) 停电要验电,带电检查时,必须有指导教师在现场监护,以确保用电安全。

(4) 工具和仪表的使用要正确,检修时要认真核对导线的线号,以免出错。谨慎使用短接法。

6. 成绩评定

考核及评分标准见表 4-3。

表 4-3 考核及评分标准

项目内容	评分标准	配分	扣分	得分
故障分析	排除故障前不进行分析研究扣 5 分； 检修思路不正确扣 5 分； 找不出故障点或找错位置，每处扣 5 分； 以上扣分，累计扣完 30 分为止	30		
故障检修	使用工具、仪表不正确，每次扣 5 分； 检查故障方法不正确扣 10 分； 查出故障不会排除，每处扣 10 分； 检修中扩大故障范围扣 10 分； 少查、少排一个故障扣 5 分； 损坏元器件每处扣 5 分； 通电检修操作不正确扣 10 分； 以上扣分，累计扣完 60 分为止	60		
安全文明生产	不验电扣 5 分； 防护用品穿戴不齐全扣 5 分； 结束后未整理现场扣 5 分； 检修中乱放或丢失器件扣 5 分； 检修中出现短路或触电事故扣 10 分； 以上扣分，累计扣完 10 为止	10		
工时	排除两个故障额定工时 60min，每超 10min 扣 10 分，最长工时不得超过 90min			
合计		100		

任务四 X62W 型卧式铣床的电气控制

铣床在机械加工中用途非常广泛，其使用数量仅次于车床。铣床可以用来加工工件各种形式的表面，如平面、成型面及各种类型的沟槽等；装上分度头之后，可以加工直齿轮或螺旋面；如果装上回转圆工作台，还可以加工凸轮和弧形槽。铣床的种类有很多，按其结构形式和加工性能的不同，一般可以分为卧式铣床、立式铣床、龙门铣床、仿形铣床以及各种专用铣床，其中 X62W 型卧式铣床是实际应用最多的铣床之一。下面以 X62W 型卧式铣床为例进行分析。

一、X62W 型卧式铣床的主要结构及运动形式

1. X62W 型卧式铣床的主要结构

X62W 型卧式铣床外形结构如图 4-13 所示，主要由底座、床身、主轴、悬

梁、刀杆支架、工作台、手柄、溜板和升降台等部分组成。床身固定在底座上,其内装有主轴的传动机构和变速操纵机构,床身的顶部安装带有刀杆支架的悬梁,悬梁可沿水平导轨移动,以调整铣刀的位置。

床身的前方(右侧面)装有垂直导轨,升降台可沿导轨作上、下垂直移动。在升降台上面的水平导轨上,装有可在平行于主轴线方向(横向或前后)移动的溜板。溜板上面是可以转动的回转台,工作台就装在回转台的导轨上,它可以作垂直于主轴线方向(纵向或左右)的移动。在工作台上有固定工件的T形槽。这样,安装在工作台上的工件,可以作上、下、左、右、前和后6个方向的位置调整或工作进给。此外,该机床还可以安装圆形工作台,溜板也可以绕垂直轴线方向左右旋转45°,便于工作台在倾斜方向进行进给,完成螺旋槽的加工。

2. 铣床的运动形式

X62W型卧式铣床的3种运动形式分别如下:

(1) 主运动铣床的主运动:是指主轴带动铣刀的旋转运动。

(2) 进给运动铣床的进给运动:是指工作台带动工件在相互垂直的3个方向上的直线运动。

(3) 辅助运动铣床的辅助运动:是指工作台带动工件在相互垂直的3个方向上的快速移动。

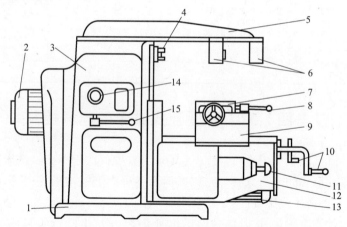

图4-13 X62W型卧式铣床外形结构

1—底座;2、13—电动机;3—床身;4—主轴;5—悬梁;6—刀杆支架;7—工作台;
8、10、11、15—手柄;9—溜板;12—升降台;14—主轴变速盘。

二、X62W型卧式铣床的电力拖动特点及控制要求

X62W型卧式铣床由3台电动机分别进行拖动:主轴电动机、工作台进给电

动机、冷却泵电动机。

1. 主轴电动机

主轴是由主轴电动机经弹性联轴器和变速机构的齿轮传动链来拖动的。

（1）铣削加工有顺铣和逆铣两种方式,要求主轴能正、反转,但又不能在加工过程中转换铣削方式,须在加工前选好转向,故采用倒顺开关,即正、反转转换开关控制主轴电动机的转向。

（2）为使主轴迅速停车,对主轴电动机采用速度继电器测速的串电阻反接制动。

（3）主轴转速要求调速范围广,采用变速孔盘机构选择转速。为使变速箱内齿轮易于啮合,减少齿轮端面的冲击,要求主轴电动机在主轴变速时稍微转动一下,称为变速冲动。这时也利用限流电阻,以限制主轴电动机的起动电流和起动转矩,减小齿轮间的冲击。

为此,主轴电动机有3种控制:正反转起动、反接制动和变速冲动。

2. 工作台进给电动机

工作台进给分机动和手动两种方式。手动进给是通过操作手轮或手柄实现的,机动进给是由工作台进给电动机配合有关手柄实现的。

（1）工作台在各个方向上能往返,要求工作台进给电动机能正、反转。

（2）进给速度的转换,亦采用速度孔盘机构,要求工作台进给电动机也能变速冲动。

（3）为缩短辅助工时,工作台的各个方向上均有快速移动。由工作台进给电动机拖动,用牵引电磁铁使摩擦离合器合上,减少中间传动装置,达到快速移动。

为此,工作台进给电动机有3种控制:进给、快速移动和变速冲动。

3. 冷却泵电动机

冷却泵电动机拖动冷却泵提供冷却液,对工件、刀具进行冷却润滑,只需正向旋转。

4. 两地控制

为了能及时实现控制,机床设置了两套操纵系统,在机床正面及左侧面,都安装了相同的按钮、手柄和手轮,使操作方便。

5. 联锁

为了保证安全,防止事故,机床有顺序地动作,采用了联锁。

（1）要求主轴电动机起动后(铣刀旋转),才能进行工作台的进给运动,即工作台进给电动机才能起动,进行铣削加工。而主轴电动机和工作台进给电动机需同时停止,采用接触器联锁。

(2) 工作台 6 个方向的进给也需要联锁,即在任何时候工作台只能有一个方向的运动,通过采用机械和电气的共同联锁实现。

(3) 如将圆形工作台装在工作台上,其传动机构与纵向进给机构耦合,经机械和电气的联锁,在 6 个方向的进给和快速移动都停止的情况下,可使圆形工作台由工作台进给电动机拖动,只能沿一个方向作回转运动。

6. 保护环节

(1) 3 台电动机均设有过载保护。

(2) 控制电路设有短路保护。

(3) 工作台的 6 个方向运动都设有终端保护。当运动到极限位置时,终端撞块碰到相应手柄使其回到中间位置,行程开关复位,工作台进给电动机停转,工作台停止运动。

三、X62W 型卧式铣床的电气控制电路分析

X62W 型铣床的电气控制电路有多种,图 4-14 所示为经过改进的电路。

1. 主电路分析

转换开关 QS_1 为电源总开关,熔断器 FU_1 作全电路的短路保护,主电路有 3 台电动机,M_1 为主轴电动机,拖动主轴带动铣刀进行铣削加工,由接触器 KM_1 控制运行,由转换开关 SA_3 预选其转向。M_2 为工作台进给电动机,拖动升降台及工作台进给,由 KM_3、KM_4 实现正反转控制。M_3 为冷却泵电动机,供应冷却液。由 QS_2 控制其单向旋转,且必须在 M_1 起动后才能运行。3 台电动机分别由热继电器 FR_1、FR_2、FR_3 提供过载保护。

2. 控制电路分析

由控制变压器 TC_1 提供 110V 工作电压,FU_4 提供变压器二次侧的短路保护。该电路的主轴制动、工作台常速进给和快速进给分别由控制电磁离合器 YC_1、YC_2、YC_3 实现,电磁离合器需要的直流工作电压由变压器 TC_2 降压后经桥式整流器 VC 提供,FU_2、FU_3 分别提供交、直流侧的短路保护。

1) 主轴电动机 M_1 的控制

M_1 由交流接触器 KM_1 控制,为操作方便,在机床的不同位置各安装了一套起动和停车按钮。SB_2 和 SB_6 装在床身上,SB_1 和 SB_5 装在升降台上。YC_1 是主轴制动用的电磁离合器,SQ_1 是主轴变速冲动的行程开关。主轴电动机是经过弹性联轴器和变速机构的齿轮传动链来实现传动的,可使主轴获得 18 级不同的转速。对 M_1 的控制包括有主轴的起动、停车制动、换刀制动和变速冲动。

(1) 主轴电动机的起动:起动前先合上电源开关 QS_1,再把主轴转换开关 SA_3 扳到所需要的旋转方向,然后按下起动按钮 SB_1(或 SB_2),接触器 KM_1 线圈

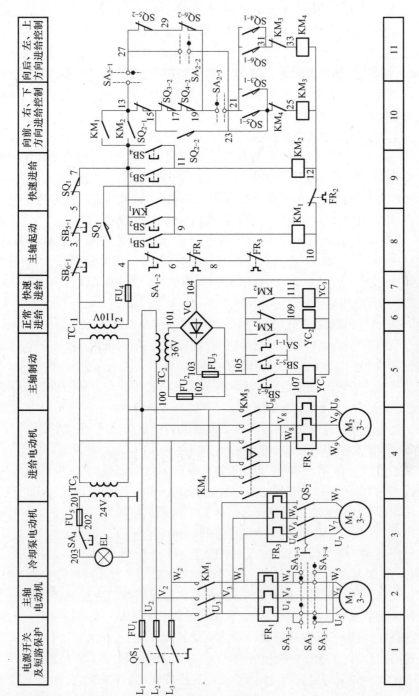

图4-14 X62W型卧式铣床的电气控制电路图

通电动作,KM_1 主触点闭合,主轴电动机 M_1 起动。

(2) 主轴电动机的停车制动:铣削完毕后,需要主轴电动机 M_1 停车时,按下停止按钮 SB_{5-1}(或 SB_{6-1}),接触器 KM_1 线圈断电释放,电动机 M_1 断电,同时由于 SB_{5-2} 或 SB_{6-2} 接通电磁离合器 YC_1,压紧摩擦片,对主轴电动机 M_1 进行制动。停转过程中,应按住 SB_5(或 SB_6)直至主轴停转后方可松开停止按钮,一般主轴的制动时间不超过 0.5s。

(3) 主轴的变速冲动控制:在需要变速时,将变速手柄拉出,转动变速盘调节所需的转速,然后再将变速手柄复位。在手柄复位的过程中,其联动装置瞬间压动行程开关 SQ_1,在 SQ_1 动作的瞬间,SQ_1 的动断触点 5-7 先断开其他支路,然后动合触点 1-9 闭合,点动控制 KM_1 使齿轮啮合,如果点动一次齿轮还不能完全啮合,可重复进行上述动作。当手柄复位后,SQ_1 也随之复位。

(4) 主轴换刀时的制动:主轴上刀或更换铣刀时,应使主轴处于制动状态。只要将转换开关 SA_1 扳至"接通"位置,其动断触点 SA_{1-2}(4-6)断开,切断控制电路,同时,动合触点 SA_{1-1}(105-107)闭合,电磁离合器 YC_1 通电,使主轴处于制动状态。换刀结束后,要记住将 SA_1 扳回"断开"位置。

2) 工作台进给电动机 M_2 的控制

工作台的进给运动需在主轴电动机 M_1 起动之后进行,此时 KM_1(7-12)动合触点已闭合,为工作台进给电动机 M_2 起动做好准备。机床纵向、横向、垂直进给以及圆形或矩形工作台的选择由转换开关 SA_2 控制。现以采用矩形工作台为例,此时触点 SA_{2-1} 及 SA_{2-3} 接通,触点 SA_{2-2} 断开。

(1) 工作台纵向进给运动:工作台纵向进给运动是通过操纵手柄来实现的。手柄有 3 个位置:左、右和零位(停止),当操作手柄扳向右边→行程开关 SQ_5 动作→动断触点 SQ_{5-2}(27-29)先断开,动合触点 SQ_{5-1}(21-23)后闭合→KM_3 线圈通过 13-15-17-19-21-23-25 路径通电→M_2 正转,工作台向右运动。

若将操作手柄扳向左边→SQ_6 动作→KM_4 线圈通电→M_2 反转→工作台向左运动。

需要停止时,将操作手柄扳到中间位置,行程开关 SQ_6 不再受压,触点 SQ_{6-1} 断开,接触器 KM_4 失电,M_2 停止,工作台停止。

(2) 工作台横向与垂直进给运动:操作工作台上下和前后运动是用同一手柄完成的。该手柄有 5 个位置,即上、下、前、后和中间位置。当手柄扳至向上或向下时,机械上接通了垂直进给离合器;当手柄扳至向前或向后时,机械上接通了横向进给离合器;手柄在中间位置时,横向和垂直进给离合器均不能接通。

在手柄扳至向下或向前位置时,手柄通过机械联动机构使行程开关 SQ_3 被压下,接触器 KM_3 通电吸合,电动机正转;在手柄扳到向上或向后时,行程开关

SQ_4 被压下,接触器 KM_4 通电吸合,电动机反转。对应操纵手柄的 5 个位置,可列出与之对应的运动状态,如表 4-4 所列。

表 4-4　工作台横向与垂直操纵手柄功能

手柄位置	工作台运动方向	离合器接通的丝杠	行程开关动作	接触器动作	电动机运转
向上	向上进给或快速向上	垂直丝杠	SQ_4	KM_4	M_2 反转
向下	向下进给或快速向下	垂直丝杠	SQ_3	KM_3	M_2 正转
向前	向前进给或快速向前	横向丝杠	SQ_3	KM_3	M_2 正转
向后	向后进给或快速向后	横向丝杠	SQ_4	KM_4	M_2 反转
中间	升降或横向停止	横向丝杠	—	—	—

下面就以向上运动为例分析电路的工作情况,其他的动作情况可自行分析。

将十字开关手柄扳至"向上"位置时→SQ_4 的动断触点 SQ_{4-2}(17-19)先断开,其动合触点 SQ_{4-1}(21-31)后闭合→KM_4 线圈经 13-27-29-19-21-31-33 路径通电→M_2 反转→工作台向上运动。

(3) 工作台的快速移动:安装好工件后,要使工作台在 6 个方向上快速进给,在按常速进给的操作方法操纵进给控制手柄的同时,还需要按下按钮 SB_3 或 SB_4(两地控制),使接触器 KM_2 线圈通电吸合,其动断触点 105-10 切断电磁离合器 YC_2 线圈支路,动合触点 105-111 接通 YC_3 线圈支路,使机械传动机构改变传动比,实现快速进给。由于与 KM_1 的动合触点 7-13 并联了 KM_2 的一个动合触点,所以在 M_1 不起动的情况下,也可以进行快速进给。

3. 冷却和照明控制

冷却泵只有在主轴电动机起动后才能起动,所以主电路中将冷却泵电动机 M_3 接在接触器 KM_1 主触点后面,同时又采用开关 QS_2 控制。

机床照明灯 EL 由变压器 TC_3 供给 24V 的工作电压,SA_4 为灯开关,FU_5 提供短路保护。

技能训练十八　XA6132 型卧式铣床常见故障分析

一、检修前电路图分析与识读

X6132 型铣床电气控制原理如图 4-15 所示。

1. 主电路分析

1) 主电动机的起动控制

主电动机 M_1 由接触器 KM_1 控制直接起动,M_1 的正反转由控制开关 SA_2 选

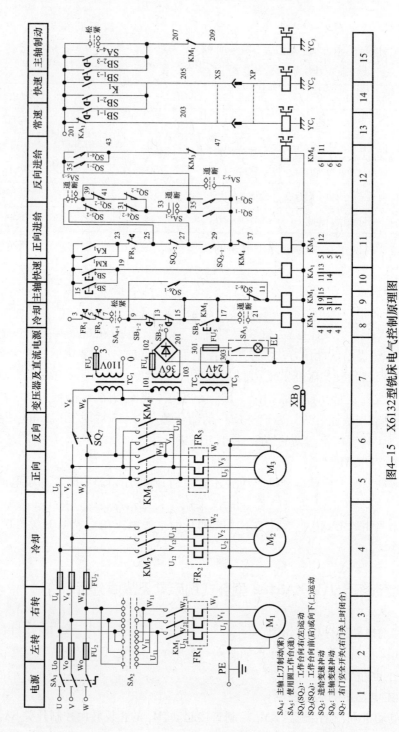

图4-15 X6132型铣床电气控制原理图

择,接触器 KM_1、停止按钮 SB_1、SB_2 及起动按钮 SB_5 构成电动机单方向旋转两地控制电路,一处在升降台上,另一处设在床身上。

2) 主电动机的制动控制

由 SB_1、SB_2 的常开触头、KM_1 的常闭触头及主轴制动离合器 YC_3 构成主轴制动停车控制环节。电磁离合器 YC_3 安装在主轴控制传动链中与主电动机相连的第一根传动轴上。当主电动机 M_1 起动旋转时,接触器 KM_1 通电并自锁,其常闭辅助触头 KM_1(207-209)断开,使 YC_3 线圈处于断电状态,电磁离合器不起作用。当主轴停车时,按下 SB_1 或 SB_2,KM_1 线圈断电释放,主电动机 M_1 断开三相电源,同时 YC_3 线圈通电产生磁场,在电磁吸力作用下将摩擦片压紧产生制动,使主轴迅速制动停车。当松开 SB_1 或 SB_2 时,YC_3 线圈断电,摩擦片松开,制动结束。这种制动方式迅速、平稳,制动时间短。

3) 主轴上刀、换刀时的制动控制

在主轴上刀或换刀时,主轴若发生意外的转动将造成严重的人身事故,为此在上刀或换刀时,应使主轴处于制动状态。在主轴上刀或换刀前,将主轴上刀制动开关 SB_4 扳到"接通"位置,触头 SA_{4-2}(201-207)闭合,接通主轴制动电磁离合器 YC_3,使主轴处于制动状态。同时触头 SA_{4-1}(7-9)断开,使主轴转动控制电路断电,主电动机 M_1 不能通电旋转。

上刀或换刀之后,再将 SA_4 开关扳回"断开"位置,触头 SA_{4-2}(201-207)断开,解除主轴制动状态,同时触头 SA_{4-1}(7-9)闭合,为主电动机起动做好准备。

4) 主轴变速冲动控制

主轴变速时,首先将变速手柄拉出,然后转动蘑菇形变速盘,选好合适的主轴转速,再将变速手柄推回。在将变速手柄推回复位的过程中,压动主轴变速行程开关 SQ_6,使触头 SQ_{6-1}(9-11)闭合,触头 SQ_{6-2}(17-11)断开,使交流接触器 KM_1 线圈瞬间通电吸合,其主触头瞬时接通,主电动机 M_1 做瞬时点动,以使齿轮良好啮合。当变速手柄复位后,SQ_6 复位,触头 SQ_{6-1}(9-11)断开,切断主电动机瞬时点动电路。

变速手柄复位应迅速、连续,以免主电动机转速升得过快,发生碰齿将齿轮打坏。当瞬时点动一次未能实现齿轮啮合时,可以重复进行手柄的操作,直至齿轮实现良好的啮合为止。

2. 进给电路分析

铣削加工时,应根据加工工艺要求选择不同进给量,这就要求进给拖动系统有足够宽的调速范围。对于进给系统,其负载主要为工作台移动时的摩擦转矩,属于恒转矩负载。进给系统由异步电动机拖动,经进给变速箱获得 18 种进给速度,这种调速方法是恒功率调速性质。为此,按高速来选择电动机功率,X6132

型铣床进给电动机功率为 1.5kW。

X6132 型铣床工作台运动方式有手动进给、自动进给和快速移动 3 种。其中手动进给为操作者摇动手柄时工作台移动;自动进给和快速移动则由进给电动机拖动,经电磁离合器 YC_1、YC_2 传动。YC_1 与 YC_2 安装在进给变速箱内某一轴上,当 YC_1 通电时,为自动进给;当 YC_2 通电时,实现快速移动。而 YC_1 与 YC_2 由快速继电器 KA_1 的常开和常闭触头来实现互锁。

为减少按钮数量,避免误操作,对进给电动机的控制采用电气开关与机械挂挡相互联动的手柄操作。工作台的进给方向有左右的纵向运动、前后的横向运动和垂直的上下运动,它们是由进给电动机 M_3 的正反转来实现的,一个是纵向机械操作手柄,另一个是垂直与横向机械操作手柄。在操作机械手柄的同时,完成机械挂挡和压合相应行程开关,从而接通相应的正转或反转的接触器,起动进给电动机,拖动工作台按预定方向运动。这两个机械操作手柄各有两套,分别设在铣床工作台正面与侧面,实现工作台运动的两地操作。

图 4-15 中,SQ_1、SQ_2 为与纵向操作手柄有机械联系的行程开关;SQ_3、SQ_4 为与垂直和横向操作手柄有机械联系的行程开关。当这两个机械操作手柄都处在中间位置时,SQ_3、SQ_4 都处于未被压下的原始状态,当扳动操作手柄时,将压下对应的行程开关。SA_5 为圆工作台选择控制开关,它有三对触头、两个工作位置。

1)工作台纵向运动控制

在主电动机 M_1 起动之后,KM_1 触头 15-23 闭合,为工作台进给做准备。将纵向进给操作手柄扳向右侧,在机械上通过连动机构接通纵向进给离合器,在电气上压下行程开关 SQ_{1-1}(29-35)闭合,同时触头 SQ_{1-2}(39-41)断开。这时圆工作台选择开关的触头 SA_{5-1}(33-35)、SA_{5-3}(25-39)闭合,进给电动机 M_3 的正转接触器 KM_3 线圈通电吸合,M_3 正向起动旋转。此时,继电器 KA_1 处于断电释放状态,其 KA_1(201-203)触头闭合,进给电磁离合器 YC_1 线圈通电动作,接通了进给电动机与工作台之间的齿轮传动机构,进给电动机拖动工作台向右作进给运动。

将纵向进给操作手柄扳到中间位置(零位),则使行程开关 SQ_1 不再受压,SQ_1 触头 29-35 断开,接触器 KM_3 断电释放,进给电动机停转,工作台向右进给停止。

当主电动机或冷却泵电动机发生长期过载时,热继电器 FR_1 或 FR_2 动作,则 KM_1 线圈断电释放,主电动机和进给电动机均断电停止,主轴运动与进给运动立即停止。

工作台向左进给运动的电路与向右进给运动时类似,请自行分析。

2）工作台向前与向下进给运动的控制

在主电动机起动之后，将垂直与横向进给手柄扳到"向前"位置，在机械上接通了横向进给离合器，在电气上压下行程开关 SQ_3，SQ_{3-1}（29-35）触头闭合，SQ_{3-2}（27-31）触头断开。进给电动机正转接触器 KM_3 线圈通电吸合，其主触头闭合，接通 M_3 正向电源，电动机正向旋转。此时 KA_1 仍断电释放，进给电磁离合器 YC_1 线圈通电动作，经齿轮传动机构拖动工作台向前工作进给。

将垂直与横向进给手柄扳到中间位置，工作台向前进给运动停止。工作台向下运动的情况与向前运动完全相同，只要将垂直与横向进给手柄扳到"向下"位置，在机械上接通垂直进给离合器即可，电气工作过程完全一样，请自行分析。

3）工作台向后和向上进给运动的控制

情况与向前和向下进给运动控制相仿，只是在将垂直与横向进给手柄扳到"向后"和"向上"位置时，在电气上压下行程开关 SQ_4，同时在机械上接通横向或垂直进给离合器。进给电动机反向接触器 KM_4 线圈通电吸合，进给电动机反向旋转，拖动工作台实现向后或向上的进给运动。

4）进给变速时的瞬时点动控制

主电动机起动后，将垂直与横向进给手柄、纵向进给手柄均扳在中间位置，方可进行进给变速。

进给变速时，将蘑菇形手柄拉出，选择好适当的进给速度，然后将此手柄继续拉出到极限位置。在拉出的过程中，变速孔盘推动进给变速行程开关 SQ_5，使 SQ_{5-2} 触头 25-27 断开，SQ_{5-1} 触头 27-29 闭合。这时，进给电动机正转接触器 KM_3 线圈瞬时通电吸合，使进给电动机瞬时正转，以利于变速齿轮的啮合。当变速手柄迅速推回原位时，行程开关 SQ_5 不再受压，进给电动机停转。如果一次瞬时点动齿轮未啮合好，可再重复上述操作，直至齿轮啮合完好为止。

5）工作台快速移动的控制

在主电动机起动后或主电动机未起动时，均可实现工作台快速移动的控制。方法是先将操纵手柄扳向所需运动方向，然后按下快速移动按钮 SB_3 或 SB_4，进给电动机 M_3 将起动运转，并在快速移动电磁离合器 YC_2 作用下获得预定方向的快速移动。以工作台向右快速移动为例，若主电动机尚未起动，将纵向进给操纵手柄扳向右侧，在机械上接通了纵向进给离合器，在电气上压下行程开关 SQ_1，为接触器 KM_3 线圈吸合做准备。按下 SB_3 或 SB_4，继电器 KA_1 线圈通电吸合，KA_1 触头 201-203 断开，进给电磁离合器 YC_1 断电释放，而 KA_1 触头 201-205 闭合，使电磁离合器 YC_2 通电工作；进给电动机正转接触器 KM_3 线圈通电吸合，其主触头闭合，接通 M_3 正向电源，进给电动机正向起动运转。因 YC_2 已处于工作状态，经快速传动链，进给电动机拖动工作台向右快速移动。松开快速

移动按钮 SB_3 或 SB_4，工作台快速移动停止。

当工作台正作慢速进给运动时，若需工作台沿原运动方向作快速移动时，只需按下 SB_3 或 SB_4 即可。这时 KA_1 通电吸合，接通 YC_2 电路，工作台即按原来进给方向作快速移动。

3. 圆形工作台的控制

为了扩大机床加工范围，可在机床上安装圆形工作台。圆形工作台可以手动，也可以自动控制。自动工作时，将圆形工作台控制开关 SA_5 扳到"接通"位置，此时 SA_{5-1} 触头 33-35、SA_{5-3} 触头 25-39 断开，SA_{5-2} 触头 29-39 闭合。

按下主电动机起动按钮 SB_5，接触器 KM_1 通电吸合并自锁，主电动机起动运转，触头 15-23 闭合，KM_3 线圈经 SQ_{3-2}、SQ_{4-2}、SQ_{2-2}、SQ_{1-2} 及 SA_{5-2} 触头通电吸合，电动机 M_3 正向旋转，经机械传动机构拖动圆形工作台单向旋转。

4. 冷却泵和机床工作照明控制

冷却泵电动机 M_2 通常在铣削加工时由组合开关 SA_3 操作，并由 FR_2 做长期过载保护。机床工作照明由变压器 TC_3 输出 24V 安全电压，由工作灯本身开关控制 EI。

5. 控制电路的联锁与保护

X6132 型铣床运动较多，电气控制电路较为复杂，为安全可靠地工作，应具有完善的联锁与保护。

1) 主运动与进给运动的顺序联锁

用 SQ_7 作为控制柜"开门断电"保护装置。另外，进给电气控制电路在主电动机接触器 KM_1 触头 15-23 闭合之后才能进行操作，这就保证了主电动机起动之后方可进行操作。而当主电动机停止时，进给电动机也能立即停止。

2) 工作台 6 个运动方向的联锁

铣床加工时，只允许一个方向运动。为此，工作台上、下、左、右、前、后 6 个运动方向之间都有联锁。其中工作台纵向操纵手柄实现工作台左、右运动方向的联锁，横向与垂直操纵手柄实现上、下、前、后 4 个方向之间的联锁，但关键在于如何实现这两个操纵手柄之间的联锁。在图 4-15 中，接线点 33-39 之间由 SQ_1、SQ_2 常闭触头串联组成，27-33 之间由 SQ_3、SQ_4 常闭触头串联组成，然后再与 KM_3、KM_4 线圈连接，控制进给电动机。当扳动纵向进给操纵手柄时，SQ_1 或 SQ_2 开关被压下断开 39-33 支路，但 KM_3、KM_4 线圈仍可经 27-33 支路供电。若此时再扳动横向与垂直进给操纵手柄，又将 SQ_3 或 SQ_4 开关压下，将 27-33 支路断开，使 KM_3、KM_4 线圈无法通电，进给电动机无法工作。这就保证了不允许同时操纵两个控制手柄，实现了工作台 6 个运动方向间的联锁。

3) 长工作台与圆形工作台的联锁

圆形工作台的运动必须与长工作台 6 个方向的进给运动有可靠的联锁,否则将造成刀具和机床的损坏。为避免这种事故的发生,在电气上采取了互锁措施。只有纵向进给操纵手柄、垂直与横向进给操纵手柄都置于零位时,才可以进行圆工作台的旋转运动。若某一操纵手柄不在零位,则行程开关 $SQ_1 \sim SQ_4$ 中的一个被压下,其对应的常闭触头都断开,从而切断了 KM_3 线圈通电通路。所以,当圆工作台工作时,若扳动任何一个进给操纵手柄,接触器 KM_3 将断电释放,进给电动机 M_3 自动停止。

4) 工作台进给运动与快速移动的互锁

工作台进给运动与快速移动分别由电磁离合器 YC_1 与 YC_2 传动,而 YC_1 与 YC_2 分别由快速继电器 KA_1 的常闭触头 201-203、常开触头 201-205 控制,实现工作台进给与快速移动的互锁。

二、检修实训

1. 实训内容

X6132 型铣床电气控制线路的故障判断与检修。

2. 实训器材、资料

常用电工工具;仪表(万用表、500V 兆欧表、钳形电流表);X6132 型铣床(或相应模拟装置);X6132 型铣床(或相应模拟装置)电路图(原理图、接线图、电气元件明细表)。

3. 电气线路常见故障判断与检修示例

1) 故障一

(1) 故障现象:整车不能起动,所有开关按钮均不起作用;铣床操作工反映,加工零件当中突然出现此故障,该铣床工作年限有 10 年。

(2) 分析判断。分析 X6132 型铣床电路原理图,可能产生的故障原因有:①三相电源无电;②三相电源缺相;③SA_1 开关故障;④FU_1 熔断或接触不良;⑤FU_2 熔断或接触不良;⑥左壁龛门未关严,SQ_7 断开;⑦控制变压器损坏;⑧FU_3 熔断或接触不良;⑨FR_1 或 FR_2 动作;⑩SA_4 或 SB_1 或 SB_2 损坏不闭合。

(3) 检修过程:①检查三相电源发现电压正常;②合电源开关,合工作照明灯开关,工作照明灯不亮;③打开左壁龛门检查主电路时,发现左壁龛门已开一小缝,怀疑左壁龛门未关严,SQ_7 断开;④关严左壁龛门,工作照明灯亮;⑤试车成功,一切完好。所以,故障可能由于该铣床工作年限较长,门栓振动松开所致。

2) 故障二

(1) 故障现象:工作台各个方向都不能进给。

(2) 分析判断。分析 X6132 型铣床电路原理图,可能产生的故障原因有:

①SA_5 在"断开"位置;②接触器 KM_1 线圈未得电;③控制回路电源不正常;④变压器 TC 损坏;⑤熔断器 FU_3 熔断;⑥SQ_7 未闭合;⑦电源电压不正常;⑧接触器 KM_1 触头 15-23 接触不良或连接导线有问题;⑨M_3 主电路和进给电动机有问题;⑩SQ_1、SQ_2、SQ_3、SQ_4、SQ_5 损坏,机械部分故障。

(3) 检修过程:①检查圆形工作台的控制开关 SA_5 是否在"接通"位置;②通电检查控制主轴电动机的接触器 KM_1 线圈已吸合动作;③带电检查控制电源电压正常;④断电检查控制变压器 TC_1 一次侧、二次侧线圈阻值正常;⑤断电检查 FU_3 熔断器未熔断;⑥通电检查 SQ_7 闭合良好;⑦通电将纵向或横向手柄扳向一个工作台进给位置,然后按下 SB_3 或 SB_4 快速移动按钮,接触器 KM_3 或 KM_4 正常吸合;⑧断电检查接触器 KM_1 触头 15-23,发现接触不良有问题。更换接触器 KM_1 并恢复所有接线后重新试车,一切正常。该故障说明接触器 KM_1 触头长期开闭损坏。

3) 故障三

(1) 故障现象:工作台不能快速移动,主轴制动失灵。

(2) 分析判断。分析 X6132 型铣床电路原理图,可能产生的故障原因有:①整流电源故障;②整流变压器 TC_2 故障;③熔断器 FU_4 故障;④电源电压过低。

(3) 检修过程:①通电检查整流电源输出电压为 0V,不正常;②检查整流变压器 TC_2 一次侧电压为 380V,正常;③断电检查 FU_4 熔断器,发现已熔断;④断电检查整流器,发现击穿损坏;⑤更换整流器,并恢复所有接线后重新试车,一切正常。该故障说明整流器二极管损坏。

4) 故障四

(1) 故障现象:主轴变速时不能冲动控制。

(2) 分析判断。分析 X6132 型铣床电路原理图,可能产生的故障原因有:SQ_6 损坏。

(3) 检修过程:更换 SQ_6 开关,并恢复所有接线后重新试车,一切正常。该故障说明开关 SQ_6 损坏。

4. 实训步骤及要求

(1) 在教师的指导下进行铣床操作,了解铣床的各种工作状态及操作方法。

(2) 在教师的指导下,参照电气原理图和电气安装接线图,熟悉铣床电气元件的分布位置和走线情况。

(3) 在铣床上或铣床模拟板上手动设置故障,由教师边讲解边示范检修全过程。

(4) 由教师设置故障,学生进行检修。学生应根据故障现象,先分析电路图,并设计检修程序。

(5) 根据检修程序,采用正确的检查方法排除故障,在规定时间内查出并排除故障。

(6) 检修后由教师及时纠正学生在检修中存在的问题。

(7) 检修时严防损坏电气元件或设备,以免扩大故障范围和产生新的故障。

5. 注意事项

(1) 检修前要认真阅读电路图,掌握各个控制环节的原理及作用,并认真仔细地观察教师的示范检修。

(2) 由于铣床的电气控制与机械结构的配合十分紧密,因此,一定要弄清机械与电气的联锁关系。

(3) 检修时,要仔细分析故障原因所在,严格按检修流程进行,切不可盲目检修。

(4) 在修复故障时,要注意分析造成故障的真正原因,以避免再次发生同一故障。

(5) 检修后,要注意设备部件的及时恢复(如检修时拆下接触器灭弧罩,检修后应恢复灭弧罩),以防引起二次故障。

(6) 检修前要先调查研究,检修时停电要验电,带电检修时,工具、仪表使用要正确,必须有指导教师在现场监护,以确保安全。

(7) 故障设置原则:

① 在规定的时间内,按照故障的难易程度设置较难、中等、较易三个故障点供学生分析排除;

② 故障的设置面应涵盖所有控制电路;

③ 三个故障点中应至少有一个需要通电试验检修;

④ 故障的设置应力求接近生产实际中容易出现的故障类型并兼顾整体电路的认知和理解;

⑤ 有条件的可结合机械故障检修进行。

6. 成绩评定

考核及评分标准如表 4-5 所列。

表 4-5 考核及评分标准

项目内容	评分标准	配分	扣分	得分
故障分析	排除故障前不进行分析研究扣 5 分; 检修思路不正确扣 5 分; 找不出故障点或找错位置,每处扣 2 分; 以上扣分,累计扣完 30 分为止	30		

（续）

项目内容	评分标准	配分	扣分	得分
故障检修	不验电扣5分； 使用工具、仪表不正确，每次扣5分； 检查故障方法不正确扣10分； 查出故障不会排除，每处扣10分； 检修中扩大故障范围扣10分； 少查、少排一个故障扣5分； 损坏元器件每处扣5分； 通电检修操作不正确扣10分； 以上扣分，累计扣完60分为止	60		
安全文明生产	防护用品穿戴不齐全扣5分； 结束后未整理现场扣5分； 检修中乱放或丢失器件扣5分； 检修中出现短路或触电事故扣10分； 以上扣分，累计扣完10为止	10		
工时	排除一个故障额定工时40min，每超10min扣10分，最长工时不得超过60min			
合计		100		

参 考 文 献

[1] 王振臣,齐占军. 机床电气控制技术[M]. 北京:机械工业出版社,2012.
[2] 廖兆荣,杨旭丽. 机床电气控制技术[M]. 2版. 北京:高等教育工业出版社,2013.
[3] 黄永红. 电气控制与PLC[M]. 北京:机械工业出版社,2011.
[4] 杜晋. 机床电气控制与PLC(三菱)[M]. 北京:机械工业出版社,2016.
[5] 冉文. 电机与电气控制[M]. 西安:西安电子科大工业出版社,2006.
[6] 刘喜峰. 机床电气控制与PLC技术[M]. 北京:清华大学出版社,2011.